バイオエコノミーの時代

BioTechが新しい経済社会を生み出す

齊藤三希子
Mikiko Saito

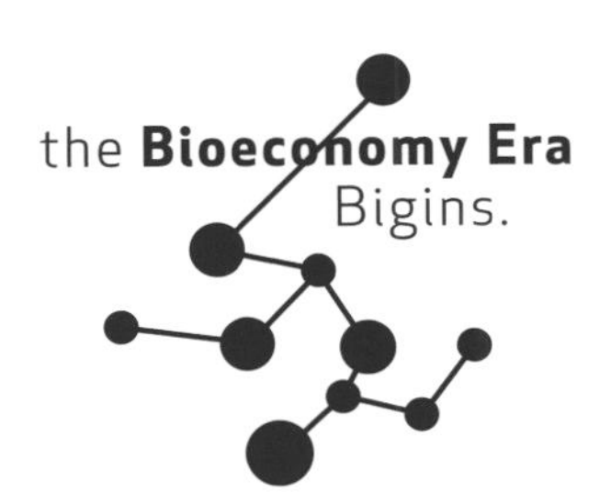

一般社団法人金融財政事情研究会

はじめに

“バイオテクノロジー”と聞いて、何を思い浮かべますか。どのようなイメージや期待を持っていますか。

バイオジェット燃料、バイオプラスチック、木質バイオマス発電など、生物資源からつくられるもの、というイメージでしょうか。

“Bio is the new Digital”、バイオテクノロジーは、デジタルの次の革新的技術として産業界・学術界から注目されています。

ゲノム医療、ワクチンや診断薬などの医療関連、ゲノム編集食品や培養肉、腸内細菌などの食農関連、バイオプラスチックや繊維などの新素材からバイオ燃料まで、バイオテクノロジーにより、金属以外の物質であれば生成または編集可能となりました。COVID-19のワクチンや診断薬にもバイオテクノロジーが活用されています。

ゲノム解読の短時間化・コストの低減化、AI技術の発展、簡易で正確なゲノム編集技術の登場により、生命現象を把握し、これまで利用しえなかった“潜在的な生物機能”を引き出し、生物機能を最大限活用できるようになっただけではなく、自然界に存在しない生物を創り出すことも可能となりました。

“Bio is the new Digital”は、2016年にマサチューセッツ工科大学（MIT）メディア・ラボ創設者であるNicholas Negroponte（ニコラス・ネグロポンテ）の言葉です。バイオテクノロジーは、化石燃料由来のあらゆる素材を代替し、デジタル技術同様、さまざまな分野をつなぐ次世代の基盤技術に発展する可能性があります。

2010年以降、合成生物学やゲノム編集技術が大きく発展したことにより、バイオテクノロジーは幅広い分野に活用されるようになりました。バイオテクノロジーは、デジタル技術との融合により、健康・医療、工業、エネルギー、食品農業に至るまで、大きなパラダイムシフトを起こす可能性があります。

本書は、バイオテクノロジーに関するトリビアの紹介や詳細技術の解説をすることは、目的としていません。知的好奇心や学術的な知識を得たければ、一般書や専門書を読んでいただいたほうが満足していただけると思います。

本書では、“バイオテクノロジーがいかにこの先の社会・経済の形成に重要となるか”という点を取り上げています。化石燃料を軸として発展してきた資本主義社会は、限界を迎えています。誰もがそう感じており、資本主義に変わる新しい社会・経済のあり方が模索されています。

気候変動や温暖化、COVID-19による社会・経済への大きなダメージを追い風として、バイオテクノロジーの社会投入は加速化しています。工業・食農業・医療／ヘルスケアにおいて、バイオマテリアル革命が発生しているのです。化石燃料由来の製品や燃料は、バイオ由来の製品や燃料に置き換わっています。

バイオ由来製品への代替が進むことにより、原料調達から生産技術、廃棄・処分に至るまで、これまでとは異なるサプライチェーンを再構築する必要があります。それに伴い、新技術・新素材を用いた製品に対する基準や規則、法律の整備が進みます。

バイオテクノロジーは、化石燃料を軸として形成してきた現代社会・経済を大きく塗り替える可能性があります。

本書では、さまざまなバイオテクノロジーの研究事例や技術、ビジネスモデルを紹介していきますが、先進的な技術や知識そのものだけではなく、その研究成果やビジネス形成を成し遂げるまでの過程と方法が重要だと思っています。

バイオテクノロジーは、次なるビジネスの芽です。普段の生活でバイオテクノロジーを身近に感じることは、あまりないかもしれません。でも、スーパーの棚に並んでいる乳酸菌飲料やヨーグルトもバイオテクノロジーの一種です。

科学技術や知識、常識、慣習、文化は日々更新されています。VUCA時代（Volatility（変動）、Uncertainty（不確実）、

Complexity（複雑）、Ambiguity（曖昧））の現代は、更新速度が増しています。特にCOVID-19のような感染症が世界的に起こると、世界の慣習や常識は一変してしまいます。

ニコラス・ネグロポンテでさえ、1980年代にデジタル社会の到来を予測し、1990年代に新聞がインターネットで流通されるようになることを予測してバカにされていたそうです。

だから大切なのは、いまある常識や慣習などの固定概念にとらわれず、どういう社会を築きたいか、住みたいか、残したいかであり、それを実現するためには、どのような課題があり、課題を解決するために科学技術を使えないのか、科学技術が有効に機能するためにはどのような仕組みが必要か、を考えることだと思うのです。

本書の筆者である私自身のことを少しだけお話しすると、もともとは、地域経済活性化の１つのツールとして再生可能エネルギー（以下、再エネ）に着目しており、地域において再エネ導入支援を行ってきました。再エネの導入だけではなかなか地域経済振興に至らないことを実感し、いまなお地域の基幹産業として継続・発展を続けている１次産業における事業組成も開始しました。バイオテクノロジーは、１次産業の出口戦略の１つとして、４年前から取り組んでいます。

当初は、バイオテクノロジーやバイオエコノミーといっても、夢物語的なとらえ方をされ、同業者にも相手にされていませんでした。しかし、数年で日本でもバイオテクノロジーが注目されるようになりました。

ビル・ゲイツは、次の10年間で、バイオテクノロジーは人類が世界の健康と開発における最大かつ最も大きな課題のいくつかを克服するのに役立つ可能性があるといっています。

Over the next decade, gene editing could help humanity overcome some of the biggest and most persistent challenges in global health and development.

（「Foreign Affairs」2018年５・６月号）

バイオテクノロジーは、まだまだ発展途上であり、コストや法規制の面から市場投入されるのには、さらに時間がかかる分野だと思いますが、化石燃料依存から脱却し、次なる社会・経済を形成するのに有力な技術だと思います。バイオテクノロジーの進化に取り組んできた科学者たちに敬意を表し、少しでもその技術や知見を実社会に役立てたいと考えています。

バイオテクノロジーで広がる社会、可能性、未来に対するワクワク感を少しでもお伝えできたらうれしいです。

2022年５月

齊藤　三希子

目　次

Chapter 1
Bio is the new Digital

プロローグ
――バイオ社会到来の先にはこんな未来が待っている？……2
バイオを知るための基礎の基礎……6
■■ ざっくりわかるバイオテクノロジー……6
■■ バイオの発達の歴史……7
■■ 生物を工学化する合成生物学……11
■■ DNAってどんな構造？……14
■■ エピゲノムとは……15
バイオエコノミーとは何か……17
■■ バイオエコノミーとは……17
■■ 化石燃料から生物由来へ……18
■■ ゲノムは読む時代から書く・編集する時代に……20
■■ 米国の巨大企業や投資家による大規模投資……21
■■ 世界最大のバイオテック都市……22
バイオにより広がるビジネス領域……23
■■ デジタルとの融合……23
■■ 産業分野における世界的なパラダイムシフト……25
■■ 倫理的な境界線……25
■■ 現在のバイオテクノロジーはインターネット黎明期に似ている……26

Chapter 2 バイオが変える農業

食農分野におけるBioTechの可能性……32
人口爆発と気候変動が及ぼす食料生産や食文化への影響……33
■■ 異常気象による収穫量の減少……34
■■ 産地地図の塗り替え……39
■■ コーヒー2050年問題……41
■■ 穀物価格の高騰……43
■■ 迫る「2050年世界タンパク質危機」……44
■■ 日本の食料安全保障……47
農業の概念と文化を覆す新農法……48
■■ バイオで広がる都市農業の可能性……48
■■ 農業ロボットのインテリジェント化……50
■■ 畜産業界におけるAgri-FoodTech……51
■■ バイオコーヒー……52
ミートレス社会の到来……53
■■ 代替プロテイン……53
■■ 食肉生産に必要な資源量……55
食肉業界のゲームチェンジ……57
■■ 細胞農業……57
■■ 培 養 肉……58
■■ 培養肉における海外の企業動向……60
■■ 培養肉における国内の企業動向……63
■■ 投資家からの注目……64
■■ 培養肉市場への投資状況……66
■■ 培養肉の市場規模……66
■■ 培養肉の法整備状況……68

■■ 培養肉の市場化に向けた課題……71
■■ 消費者の受容形成……72
農作物の高速ピンポイント改良時代……77
■■ ゲノム編集技術……77
■■ 肉厚なマダイ……81
■■ 高成長トラフグ……82
■■ 血圧を下げる夢のトマト……83
■■ ゲノム編集食品の普及……84
ニューノーマル時代に求められる農林水産業……86
■■ 農業から食卓までをスマートに!!……86
■■ 食のサーキュラーエコノミー……87
■■ COVID-19による影響……88
■■ AgriFood5.0時代の技術Bio FoodTech……90
日本が取り組むべき意義……91
■■ 持続可能な食料生産システムへの転換……91
■■ EUの新戦略“Farm to Fork Strategy”……92
■■ 日本の「みどりの食料システム戦略」……93
■■ 2021年食料システムサミットの初開催……93
■■ 食料安全保障……94
ルール形成の重要性……97
持続可能な食料システム構築に向けて……99

Chapter 3 バイオが変える工業

工業分野におけるBioTechの可能性……104
■■ 気候変動リスクの高まり……104

■■ サーキュラーエコノミーとは……105
■■ サーキュラーエコノミーへの転換の必要性……107
■■ 企業の長期的価値創造を踏まえたサプライチェーンの再設計……109
■■ サーキュラーエコノミーの市場性……111
■■ サーキュラーエコノミー分野におけるEUの存在感……115
サーキュラーエコノミー化の具体的な事例……116
■■ 具体的な事例……116
■■ サーキュラーエコノミーの課題と限界……122
■■ サーキュラーとバイオエコノミーの関係性……123
■■ サーキュラーエコノミーからバイオエコノミーへの転換の必要性……125
環境に優しい「代替プラ」……127
■■ バイオマスプラスチックへの注目……127
■■ バイオマスプラスチックの市場規模……129
■■ バイオマスプラスチックの種類……130
■■ バイオマスプラスチックの課題……131
■■ カネカの生分解性ポリマーGreen Planet™（PHBH）……134
■■ 廃米からつくるバイオマス樹脂……135
■■ 海洋廃棄プラスチックの回収＆リサイクル……140
■■ CO_2からプラスチック原料を製造……140
未来の素材、セルロースナノファイバーの可能性……141
人工タンパク質で素材革命……143
■■ 籾殻から生まれた天然由来の多孔質カーボン素材……146
アニマルウェルフェアなバイオレザー……148
海外で先行、バイオ燃料シフト……150
■■ 急速に進むバイオジェット燃料への転換……153
■■ SAFシフトによる課題……155
■■ 次世代バイオ燃料による有償フライト……157

■■ 航空同様に船舶のバイオ燃料化も進む……158
■■ 陸上輸送における燃料代替……159
■■ 経済安全保障上必須のバイオ燃料の国産化……159
建築技術への応用……161
■■ 日本のバイオエコノミー戦略……162
企業が戦略に加えるべき新たな前提条件……164
企業がオペレーション改革に着手すべき事項……166
ルール形成戦略の重要性……166

Chapter 4 バイオが変える医療／ヘルスケア

バイオ市場における医療・ヘルスケア産業の市場規模……172
食のヘルスケア産業の創出……176
3Dフードプリンタで健康食……178
生命を扱うバイオ3Dプリンタ……180
■■ 細胞製人工血管……181
■■ 再現臓器による臨床試験……184
バイオ医薬品……186
■■ バイオ医薬品の常識を覆す日本のスタートアップ……186
■■ コメでつくった飲むワクチン“ムコライス”……188
■■ タバコの葉でつくるワクチン……190
■■ バイオシミラー……191
■■ 従来の常識を覆すメッセンジャーRNA（mRNA）ワクチン……192
■■ ゲノム創薬……194
人体の90%を構成する微生物……196
遺伝子ビジネス……200

■■ リキッドバイオプシー……202
■■ 遺伝子ドーピング……203
遺伝子で究極の健康管理
——薬ではなく健康になることを売る時代……204
■■ 身近になったパーソナルゲノム解析……204
■■ 日本の社会保障制度維持にも必要な予防措置……205
遺伝子を手術する時代へ……208
「疾患のロングテール」を解消する遺伝子治療薬……211
不老長寿
——寿命は自分で選ぶ時代の到来……213
データ駆動型農業との融合……217
ゲノム編集技術における倫理的問題……219
生物の無限の可能性を引き出すバイオテクノロジー……222

Chapter 5 Bioの社会経済をつくっていくためには

化石燃料を軸とした社会経済の限界……224
バイオ市場動向および課題……225
■■ 世界的に高まるバイオテクノロジーの位置づけ……225
■■ 次世代のプラットフォーマーとなりうるバイオテクノロジー……228
■■ バイオ分野でも注目されるESG投資の視点……231
■■ 可能性とリスクの二面性……234
■■ 科学の大衆化と研究組織の大型化……236
■■ 倫理的な課題……242
各国のバイオエコノミー戦略……244
■■ EU……245

■■ドイツ……245
■■イギリス……246
■■米　国……247
■■中　国……248
■■タ　イ……249
■■インドネシア……249
■■マレーシア……250
■■日　本……250
バイオエコノミー推進に向けた課題……252
■■バイオ製品製造におけるコスト……253
■■バイオ製品のLCAおよびS-LCA……255
■■エコシステムの確立……255
バイオエコノミーの実現に向けて……258
■■日本主導でBioTechにおけるルール形成を！……258
■■サステナブル経営への転換に向けて……265

Chapter 1
Bio is the new Digital

プロローグ
――バイオ社会到来の先にはこんな未来が待っている？

午前7時過ぎ、茨木はマンションを出て空港に向かった。今日は福岡で入院している祖母のお見舞いにいく。3月に入ったとはいえ、まだ肌寒く、ダウンコートがちょうどいい。官僚として働き始めて3年目の茨木は、経済産業省が中心となって省庁連携で進めている「Bio Economy 5.0戦略」の策定が大詰めを迎えており、今朝は、自宅で朝ご飯を食べる時間もなかった。

茨木は、空港のコンビニで朝ご飯を調達することにした。ウェアラブルウォッチで今朝の自分のバイタルデータ（腸内細菌状況、血糖値、心拍、睡眠の質、血圧、タンパク質、ミネラル、体水分）を計測し、データを送信する。

コンビニのフード3Dプリンタにウェアラブルウォッチをかざすと、その日の茨木の体調と目指している体型・筋肉に近づけるため食事が出てくる。茨木は趣味でマラソンをやっており、セミアスリートを目指している。今日のデータには、この前検査した遺伝子データを追加しておいた。遺伝子データにあった食事をとることによる身体の変化を楽しみにしながら、茨木は飛行機に乗り込んだ。

偶然にも機内で萩原名誉教授と隣の座席となった。朝からニューロデバイスの審議会があるらしい。萩原教授は話好きで、いったんスイッチが入ると止まらない。今日も化石燃料由来製品が普及していた時代の話が始まった。20年前は、いま着ているダウンコートも、航空機や自動車の燃料、車体も化石燃料からつくられていた。いまは、植物由来ナイロンやセルロースナノファイバー、バイオエタノール、藻類などからつくられている。そういえば、今朝の朝食も藻類タンパク質が入っていた。

ちょうど、飛行機の窓からバイオ燃料の原料となる巨大藻類培養タンクが東京湾に並んでいるのがみえた。20年前、日本はバイオ燃料の製造に後塵を拝していたが、小規模面積でも効率的に培養できる技術を開発したことにより、米国、ブラジル、中国に並んで４強となったことを今朝のWebニュースで読んだ。

化石燃料中心の経済時代は、日本は少資源国であらゆる資源を輸入に頼っていたが、バイオ中心の社会に転換され、日本でバイオ燃料や原料の大量製造技術が開発されてからは、海外輸入に依存することなく、国内で燃料および原料を調達できている。

75歳になる祖母は、１カ月前にステージ４の大腸がんが見つかり、入院してがんゲノム治療を受けている。これまで白血病や事故による右腕の切断などを経験してきた祖母にとって、大腸がんの治療はどうってことないようだ。10年前に白血病を患い、遺伝子治療を受けていた時は辛そうだった。バイオニックハンド（筋電義手）の調子も良さそうで、不自由なく暮らしている。

祖父は、先天性出血性疾患である血友病を患い、若くして亡くなった。血友病は、いまでこそゲノム編集により完治可能な病気であるが、20年前は難病だったらしい。茨木の眼の色と髪質は、祖父の遺伝子から受け継がれたもので、写真のなかの祖父とそっくりだ。

祖母はよく自慢のお手製培養肉と漬物をお土産に持たせてくれた。茨木は、祖母の培養肉が大好物だった。スーパーで販売されている培養肉とは違い、あっさりしていて食べやすい。祖母の培養肉が欠かせないのは、味だけではない。培養肉のなかに茨木の体調を整える微生物が含まれているのだ。

茨木は大学時代に生物学を専攻しており、修士論文を書くために半年間の間、インドネシアの野生生物保護地区で過ごした。キャンプ場の近くの河で身体を洗っていた時、誤って石で足の裏を切ってしまった。どうってことないと思っていた切り傷から細菌が入り、数カ月後、日本に帰った時には、足の指が腫れていた。身体がだるく、吐き気と痛みに悩まされて、生活がままならなくなり、数週間にわたり抗生物質を大量に投与された。

大量の抗生物質投与により、茨木の身体のなかを棲み処としていた有効な微生物が死滅し、免疫力が低下してしまった。それにより、胃腸が弱くなり、すぐに感染症に感染するようになった。

何を食べてもなかなか免疫力が戻らなかったが、祖母の培養肉を食べ始めてから、腸内細菌を整えることができ、元通りの暮らしができるようになった。それ以来、茨木には祖母の培養肉が欠かせない。茨木が健康と腸内細菌の深いかかわりを強く実感した出来事だった。

人の身体は9割が無数の微生物でできている「生態系」であり、健康な身体を維持するためには、微生物の多様性が重要なのだ。

明日は、重要な「Bio Economy 5.0戦略」の審議会がある。茨木は、早々に病院を後にして、帰りの飛行機に乗り込んだ。今日は空港に近い実家に泊まることにした。茨木が実家に帰ってしばらくすると、大学生の妹が帰ってきた。また、髪と目の色が変わっている。今度は、グリーンにしたようだ。最近は、5,000円くらいのゲノム編集キットで簡単に目と髪の色を変えられるのだが、ころころと数カ月ごとに色を変えるため、会うたびにびっくりさせられている。どうやら茨木は、妹とすれ違っても認識できる自信がないようだ。

妹は、肌の色も変えてみたいらしい。たしかに最近、美容整形の1つとして肌の色を変える女性も出てきているが、肌の色を変えられてしまっては、絶対に認識できないだろう。妹と話していたらすっかり遅くなってしまった。茨木は、複雑な思いを抱えながら、明日に備えて寝ることにした。

バイオ社会の到来により、どのような未来を迎えるか、三文SF小説風に描いてみました。少しは、将来のバイオ社会をイメージしていただけたでしょうか。バイオテクノロジーとデジタル技術の融合により、20年先には十分にありえる未来の姿です。

このストーリーに登場した技術や製品は、すでに研究開発段階か市場導入期になっています。いま、生活の身の回りのものは、ほとんどが化石燃料からできています。仕事も生活も化石燃料がなければ、何も始められません。いまは、普段の生活のなかにバイオ素材なんて見つけることすら大変だと思います。

でも、20年後、あなたの生活にはバイオテクノロジーが入り込んでおり、あなたもバイオテクノロジー製品を扱っていたり、研究・開発したりしているかもしれません。

バイオを知るための基礎の基礎

■■ざっくりわかるバイオテクノロジー

バイオテクノロジーとは、「バイオロジー（生物学）」と「テクノロジー（技術）」の合成語で、生物を工学的視点から研究し、応用する技術です。

生物の持つ能力や性質をうまく利用し、「健康・医療」「食料・農林水産」「環境・エネルギー」といった、人間の生活に欠かせない技術で、バイオテクノロジーという言葉が生まれる前から、発酵食品や耐病性のある農作物づくり（品種改良、交配育種、挿し木など）など、人の生活に利用されてきました。

近年は、ペニシリンや遺伝子組換え技術などの研究開発が進み、医療や農業、エネルギーをはじめ、さまざまな産業に応用されるようになってきました。現在、世界中がバイオテクノロジーに注目しており、各国で巨額の予算を投じて研究開発が進められています。ビル・ゲイツ、エリック・シュミット、ピーター・ティール、孫正義など、名だたる投資家が投資や開発で参入して話題になりました。

バイオテクノロジーは、食料問題、難病・疾病問題、環境問題、資源問題などの地球規模での社会課題解決に役立つ技術として、世界中で研究が進められており、大きな期待が寄せられています。

今後、バイオテクノロジーとデジタル技術、ロボット工学、医療機器などとの融合がさらに進むことにより、近い将来、前述したようなSFの社会が現実となるのは夢ではありません。

■■ バイオの発達の歴史

バイオテクノロジーという言葉は江戸時代にはありませんでしたが、技術に関しては当時からありました。江戸時代、育種方法や品種特性を生かした品種改良、酒、味噌、しょうゆ、酢などの製造にも微生物を活用した発酵というバイオテクノロジーが活用されていました。

また、日本の桜の70～80％を占めているといわれるソメイヨシノは、江戸時代にエドヒガシとオオシマザクラを人工的に掛け合わせて創り出されたものです。ソメイヨシノは、種子で子孫を増やすのではなく、クローン技術の一種である接ぎ木といわれる手法で増やします。そのため、日本中にあるソメイヨシノのDNAはまったく同じになっています。

ササニシキやコシヒカリ、ひとめぼれ等の良質で冷害に強いイネの品種が生まれたのは、明治26年の稲作の不良がきっかけです。冷害でほとんどのイネが被害を受けているなかで、元気に育っている３本の稲穂を発見し、研究を重ねて明治30年に風害や害虫に強く、生育時間が短い新水稲種「亀ノ尾」を誕生させました。

バイオテクノロジーは、最先端の最新技術のイメージが強いかと思いますが、古くは江戸時代から私たちの生活のなかにあった技術です。このような昔から生物の性質を利用した技術は、“オールドバイオテクノロジー”といわれています。

一方、1970年代以降より実用化技術が急速に発展した遺伝子組換え技術、細胞融合、組織・細胞培養などは、“ニューバイオテクノロジー”といわれており、遺伝子治療、クローン技術など、さまざまな分野で応用されています。

“ニューバイオテクノロジー”は、遺伝形質が親から子へ、さらに孫へ伝わる遺伝現象から細胞遺伝学へと発展したことより、DNAの構造やその働きが明らかにされ、急速に進化しました。遺伝現象を法則として系統立ててまとめ、遺伝学の基礎をつくったのは、小中学校で習うメンデルです。1866年に遺伝子の伝わり方をえんどう豆の実験で詳細に調べ、遺伝子の存在に関して発表しました。しかし、依然として概念上の存在となっており、物質的には謎のままとなっていました。

当時、メンデルの法則は学会で理解されませんでしたが、1900年にユーゴー・ド・フリース、カール・コレンス、エーリヒ・フォン・チェルマク・セイセニックの３人の科学者により再発見され、研究が大きく進むこととなりました。

有名なDNAの二重らせんモデル構造は、1953年にジェームズ・ワトソンとフランシス・クリックが発見しNature誌に論文を発表しました。彼らは、1962年にノーベル生理学医学賞を受賞しています。この時は、DNAがどのようにタンパク質合成を指令しているのかという疑問は残ったままでした。

遺伝子組換え技術（組換えDNA技術）は1973年に開発され、1970年代後半には確立されました。遺伝子組換えは、それまでの品種改良とは異なり、目的の遺伝子を直接細胞に導入する技術です。品種改良は、放射線を照射するなどして、突然変異の誘発を増やすことにより改良を試みていたため、効率が低く、長期間かかっていました。

遺伝子組換え技術では、目的とする性質を持った遺伝子を組み換えることが可能です。導入する遺伝子は、同じ種のものでも異なる種のものでも可能となり、自然界の交配では生じないものも含め、さまざまな性質を持つ品種がつくりだせるようになりました。

これにより、遺伝子組換えの医薬品や、害虫や除草剤に強い農作物がつくられるようになりましたが、遺伝子組換え技術は、目的の遺伝子を改変できる確率が低く、遺伝子を導入しても性質まで変えるのはむずかしいことが課題でした。

2003年に1980年代後半から議論が始まり取り組まれていた「ヒトゲノム計画」が完了しました。「ヒトゲノム計画」は、ヒトの染色体の遺伝情報をすべて解読し、遺伝情報を明らかにすることにより医学などの分野に役立てようとする国際計画です。

「ヒトゲノム計画」の進行とあわせて、疾病の原因について遺伝子レベル、分子レベルで解明できるようになってきました。それにより、人によって同じ病気でも病気の進行の速さや有効な治療法に違いがあることがわかってきました。

ゲノム編集は、2012年に現在主流となっている革新的なゲノム編集技術「CRISPR-Cas9」（クリスパー・キャス・ナイン）が開発され、目的の遺伝子を正確かつ簡易的に切ることができるようになってから飛躍的に発展しました。CRISPR-Cas9の登場によりあらゆる生物の遺伝子を、誰でも簡単に高い成功率で改変できる時代が到来しました。従来、遺伝子組換え技術が使えなかった生物種にも利用できるようになり、「身体ではなく

DNAを手術する時代に突入した」といわれています。

CRISPR-Cas9は、遺伝性疾患や免疫能力を低下させるエイズに対する治療、ゲノム編集食品だけではなく、遺伝子ドライブが効果的に活用されると、感染症であるマラリアやジカ熱、デング熱を撲滅できるとして期待されています。

わずか1世紀あまりの間に、ヒトゲノムを解読できるようになっただけではなく、書くことも容易にできるようになりました。生物のゲノムを自由に改変できるようになったことがもたらすインパクトは、計り知れません。これまで解決することがむずかしかった社会課題を解決することができるかもしれません。

一方、「運命」だったはずの遺伝子を操作できるようになれば、身長や肌の色などの身体面だけではなく、性格なども変えられる可能性があります。

■■生物を工学化する合成生物学

遺伝子を自在に操作できる「ゲノム編集」の先にあるのが、人工的に生命をつくりだす「合成生物学」です。

細胞は複雑な工場。DNAは、その工場内において必要な機械をつくるよう指示を出しています。合成生物学は、DNAを書き換えることで、細胞が有用な新しい機能を得られるようにするテクノロジーです。

つまり、人間を構成しているタンパク質をつくる設計図であるDNAを書き換えることが可能となりました。

人工的に設計した遺伝子を微生物や藻類に組み込み、これまで治療がむずかしかった病気のバイオ新薬の製造やバイオ燃料製造の高効率化などを実現する技術が、大きな注目を浴びています。

以前からこうした試みはありましたが、脚光を浴びるようになったのは、2010年に米国の研究者クレイグ・ベンターが人工的に合成したゲノム（全遺伝情報）を細菌に入れて世界で初めて動かすことに成功したのがきっかけです。遺伝子が実際に働いてタンパク質をつくり、生きた細菌として増殖しました。

合成生物学を支えるのは、さまざまな分野の学問です。生命にはゲノムだけではなく、細胞を包む膜、物質を変換・合成する酵素などさまざまな「パーツ」がいろいろなかたちでかかわっています。人工生物をつくるには、それらの「パーツ」をつくる学問的な知見も欠かせません。

もう一つ、合成生物学で重要な役割を果たしているのが、デジタル技術です。膨大な情報量を持つゲノムを自在に設計するには、コンピュータの力が不可欠です。先のベンターも細菌に組み込むゲノムの設計にはコンピュータを活用しました。コンピュータ上で生命の設計図であるゲノムを書き、新しい生物を創り出す時代が来ようしているともいえます。

さまざまな学問分野の集大成が合成生物学だけに、そこから派生する技術にも大きな期待が寄せられています。実際、応用例も出てきています。米国のバイオベンチャーのアミリス（Amyris、カリフォルニア州）です。

同社は、合成生物学の技術を応用して、有用な化合物をつくる酵母を効率的に開発しています。目的の物質をつくりだす酵母の遺伝子の組合せは、コンピュータで予想・設計します。それをもとに、ロボットが自動的に遺伝子操作して新たな酵母を開発する仕組みとなっています。この結果、開発スピードが桁違いに速くなりました。このシステムを使って植物由来のマラリア治療薬の低コスト化に成功したほか、ジェット燃料や化粧品原料、甘味料、タイヤ素材などさまざまな物質を生産しています。

こうした例は海外だけではありません。日本でも大学を中心に複数の研究者がバイオ燃料の生産などに応用する取組みを進めています。天然の生物を上回る高い効率でさまざまな物質をつくることができるようになれば、素材・化学・薬品工業に大きな変化をもたらす可能性があります。

ビル・ゲイツは、DNAを合成して生命を創り出すことは、プログラミングに似ているといっています[1]。

Creating artificial life with DNA synthesis. That's sort of

1　ビル・ゲイツ『The Road Ahead』228頁（Penguin Books）

the equivalent of machine language programming.

遺伝子がソフトウエアと同様にプログラミングされ、遺伝子の疾患（バグ）を簡易に改修できる未来は、現実的になってきています。

合成生物学はまだ初歩の段階で、自然界にない生物を自在に創り出すところまでは達していません。それがいつ実現するかは定かではありませんが、もしそうなれば、倫理・社会的に対する大きな影響は避けられません。加速する技術にコントロールが及ばなくなる前に、現在の状況に即したルールを早急に検討する必要に迫られています。

■■DNAってどんな構造？

DNAはすべての生物の遺伝物質です。私たちの体内には、約37兆個の細胞があり、そのなかの核と呼ばれる部分に遺伝情報をコードする物質（DNA）が詰まっています。A（アデニン）、T（チミン）、C（シトシン）、G（グアニン）という4つの塩基配列が鎖の二重らせんのように対になって構成されています。

人間の塩基配列は約30億対あるといわれており、そのうち実際にタンパク質へと変換されて働くのは約2％です。この部分、つまりDNA配列のうち、タンパク質に変換される配列の情報が遺伝子と呼ばれています。

ゲノムとは、生物のDNAが持つすべての遺伝子情報のセットのことです。ゲノムが生物の特徴を決めています。

DNAは複製されるという特徴を持っており、遺伝子は複製されるだけではなく、生命の情報を次世代に伝え、生物の特徴や生現象のあり方を伝える性質を持っています。遺伝子はその塩基配列に意味「暗号」を持っており、その暗号を耳や口、筋肉繊維、免疫反応などの多様な生物現状を構成するタンパク質に変換します。

遺伝子はなんらかの方法でタンパク質の性質を決定しており、遺伝子配列の並び方が変われば、タンパクの性質が変わり、生物の特徴が変わります。

人間の遺伝子は約99.9%が同じ配列情報を持っており、残りの0.1%の違いが肌や目の色、身長などの特徴をつくっています。ちなみに、ヒトとチンパンジーのDNA配列は、約98.8%の類似性を持っており、ヒトとバナナを比較すると約50%の類似性を持っています。

■■エピゲノムとは

前述のとおり、生物の遺伝子情報はDNAにあり、遺伝子の塩基配列がタンパク質の性質を決め、生物の特徴を形成しています。

私たちは、まったく同じDNAを持っていますが、細胞の一部が皮膚、別の細胞の一部が肝臓になります。２万種類の遺伝子を持っていますが、いつもすべての遺伝子が使われているわけではありません。

たとえば、筋肉をつくるときには、筋肉をつくるための遺伝子と、脳から筋肉を動かす指令を受け取る遺伝子が必要となりますが、その他の遺伝子は必要ありません。

また、病気に対応するための遺伝子や化学物質に対応するための遺伝子など、ある特定の状態になったときにだけ使われる遺伝子もあります。

このように、必要な時に必要な遺伝子を使っており、この調整を行っているのがエピゲノムです。つまり、エピゲノムはどの遺伝子を使うのかを決めるスイッチです。DNAの塩基配列を変えることなく、遺伝子の働きを決めるのがエピジェネティクスであり、その情報の集まりがエピゲノムです。

さらに、人のエピゲノムの状態は少しずつ変化します。そのため、双子であっても外見や免疫力、身体機能などはまったく同じではありません。

私たちの身体的な特徴（色、免疫力など）は、ある程度遺伝で決まっている部分があります。私たちを構成しているDNAは一生変化することはありませんが、エピゲノムは、化学物質やストレス、生活環境など外部の影響により変化します。エピゲノムが変化すると、遺伝子の働きも変化し、身体も変化します。

そのため、エピゲノムの状態を調べることで、がんや糖尿病、高血圧、うつ病などの原因や兆候、進行状態がわかる可能性があることから、現在、エピゲノムの研究に注目が集まっています。

バイオエコノミーとは何か

■■ バイオエコノミーとは

バイオテクノロジーは、技術的に注目されているだけではありません。

OECD（経済協力開発機構）が2009年、バイオ技術で社会課題の解決と経済成長を両立させる「バイオエコノミー」の概念を提唱し、2030年までに世界のバイオ産業市場はGDP（国内総生産）の2.7%（約1.6兆ドル）に拡大すると予測しました。

OECDは、特に工業、農業、健康の３分野に影響をもたらすとし、バイオエコノミーは、第５次産業革命ともいうべき大きなうねりになっています。

実際、欧州ではすでにバイオ産業が重要分野となっており、2.2兆円、1,860万人の雇用を創出しています。欧州委員会は、2018年10月に発表した「バイオエコノミー戦略2.0」でバイオ関連部門のさらなる拡大・強化策を打ち出し、2030年までに100万人の新規雇用を目指しています。

米国のバイオ産業の規模は2008年頃から加速的に拡大し、2,000億ドルの市場と170万人の雇用を生み出しています[2]。

日本では経済産業省の報告書によると、2015年の市場規模は３兆円で2005年の10倍に拡大すると予測しており、業界団体のバイオインダストリー協会の推計では、2030年には約40兆円の市場と80万人の雇用が創出される見通しです。

欧米を中心とした世界各国では、気候変動や食料問題などを含めた社会的な課題解決と産業振興を同時に達成できる概念として、バイオエコノミー戦略を策定し積極的な振興策を打ち出しています。

インド、南アフリカ、タイなども公表しているなか、日本は2019年６月にようやくバイオ戦略を策定しました。バイオエコノミーに対する取組みは、世界よりも10年遅れている状況です。

バイオ戦略が策定されたことにより、日本でもようやく、生物資源（バイオマス）やバイオテクノロジーを活用し、化石燃料による環境問題を乗り越えながら、新たな経済成長を実現する「バイオエコノミー」が注目され始めました。

バイオエコノミー研究の第一人者である東京大学の五十嵐圭日子教授は「バイオ由来の製品に付加価値がつくゲームチェンジが起きる可能性がある」と警鐘を鳴らしています[3]。

■■化石燃料から生物由来へ

欧米が化石燃料代替の社会・経済に大きく舵を切り出したの

2　経済産業省「バイオエコノミー社会の実現に向けて」（令和２年10月15日）

3　「バイオサイエンスとインダストリー」vol. 75（2017年）

は、OECD（経済協力開発機構）が2009年にバイオエコノミーを提唱したことが契機となっています。

その１つが、化石燃料由来のプラスチックをめぐる最近の動きです。2019年５月、EU（欧州連合）はプラスチック製のストロー、食器類の流通を禁止する提案を行いました。スターバックスやマクドナルドなどの大手外食企業だけではなく、米国シアトルでは飲食店や食料品店でリサイクルしにくいストローやカトラリーは堆肥化可能なものに限定される条例が施行されています。

化石燃料由来のプラスチックにかわるのが、生物由来原料でつくるバイオプラスチックです。欧州の業界団体ヨーロピアンバイオプラスチックスの調査では、世界のバイオプラスチックの生産量は2022年には年間約244万tまで増加すると予測されています。

脱プラスチックの発端となったのは、2016年に世界経済フォーラムとエレン・マッカーサー財団が持続可能な循環型のプラスチック生産・消費の実現に向けて、具体的な施策を提示したことです。2019年３月には、WHO（世界保健機関）がペットボトル入り飲料水の90％超にマイクロプラスチックが混入しているリスクについて発表し、世界的なニュースになりました。

燃料でも化石由来から生物由来に換える取組みが活発になっています。ミドリムシを使った製品開発を手掛けるバイオベンチャーのユーグレナは、千代田化工建設らと日本初のバイオジェット燃料の製造実証プラントを建設し、国産バイオ燃料の実用化を目指しています。

また、生物由来のバイオ素材も進化しています。

2019年の東京モーターショーでは、木材を原料にした軽くて強い新素材「セルロースナノファイバー（CNF）」を使った「木のクルマ」が登場しました。大学・研究機関・企業が環境省事業にて共同開発した次世代素材セルロースナノファイバー（CNF）を活用した自動車（ナノセルロース・ヴィークル）がお披露目されました。植物由来の次世代素材CNFは、鋼鉄の5分の1の軽さで5倍以上の強度を有しています。

■■ゲノムは読む時代から書く・編集する時代に

前述のとおり、ビル・ゲイツは、1996年に著書のなかで「DNAはコンピュータ・プログラムに似ている」と述べています。実際、合成生物学（Synthetic Biology）の誕生により、DNAの読み・書き・編集が容易となり、生きた細胞がプログラムされる時代が到来しようとしています。自然界にない生物をつくりだす、生物学の新たな研究分野はシンセティックバイオロジー（以下、シンバイオ）と呼ばれています。

シンバイオは、理論や予測に基づいて生命を編集することが可能なため、生命の設計図であるゲノム、化学反応を触媒する酵素、生命現象を支える生命システム、細胞などを創造できます。医学から細胞を培養して代替肉をつくる細胞農業に至るまで、すべての産業でゲームチェンジを起こす可能性があります。

シンバイオによる製品は、バイオプラスチックや次世代素材CNF、人工タンパク質などの革新的新素材だけではなく、化粧品や医薬品の原料となる酵母や腸内細菌から感染症治療薬、遺伝子ドライブにまで至ります。

米国のバイオベンチャーのアミリス（Amyris）は、酵母の大量生産システムを開発し植物由来抗マラリア薬の低コスト化に成功しました。カリフォルニア大学ではマラリアやデング熱など、蚊が媒介する感染症を、遺伝子ドライブにより根絶させる研究に取り組んでいます。

シンバイオは、2000年以降に誕生したばかりの学問ですが、１次産業や食品、医療、創薬など生活の質の向上への貢献だけではなく、気候変動や感染症など地球規模の社会課題に対して大きな貢献となる可能性を秘めています。

一方、生命倫理にも大きくかかわる領域であるため、倫理的法的社会的課題（ELSI）などの面にも配慮しつつ、慎重に研究開発・製品化、サービス化を進める必要があります。

世界では、ゲノム編集技術に対するガイドラインや規制などのルールづくりが進められています。日本でも加速する技術にコントロールが及ばなくなる前に、現在の状況に即したルールを早急に検討する必要に迫られています。

■■ 米国の巨大企業や投資家による大規模投資

2020年に世界のベンチャーキャピタル（VC）からバイオテクノロジーへの資金調達額は過去最高の230億ドルを超え、

2019年から60％以上増加しています[4]。

近年、シンバイオとデジタルとの融合が進展したことから新規参入分野として高い関心を集め、ビル・ゲイツ、エリック・シュミット、ピーター・ティール、ビノッド・コースラなど、名だたる投資家がスタートアップ企業に出資し、昨年１年間でシンバイオ分野に4,000億円の投資が集まりました。

米国のIT系ベンチャーキャピタルは、バイオテクノロジーとデジタルの融合領域に対する投資を加速しており、特に医療・ヘルスケアや食・農業分野への投資額が大きくなっています。

日本でもバイオ関連スタートアップの存在感は高まっており、2019年の日本経済新聞社のNEXTユニコーン調査によると、従業員１人当り企業価値では上位３割をバイオ企業が占め、金額はAIと並んでいます。

■■世界最大のバイオテック都市

米国のボストン・ケンブリッジ地域は、世界最大規模のバイオテック・クラスターとして成長を続けています。スタートアップ・ゲノム社の調査レポート「グローバル・スタートアップ・エコシステム・レポート2019」によると、ボストンは世界

4　国立研究開発法人科学技術振興機構研究開発戦略センター「近年のイノベーション事例から見るバイオベンチャーとイノベーションエコシステム～日本の大学発シーズが世界で輝く＆大学等の社会的価値を高めるために～」（2021年７月）

第５位のスタートアップ都市にランキングされています。

世界トップクラスのハーバード大学やマサチューセッツ工科大学、ボストン大学など研究機関の集積に加え、政府機関がライフサイエンスやバイオ分野へ積極的に投資を行っています。「マネーツリーレポート2019年」によると、バイオテック企業への投資は、2018年には約18億ドルへと、10年間で９倍に拡大しています。

この地区では、ITとバイオの企業や研究施設が徒歩圏内に立地しており、生命科学分野であるバイオとテクノロジーの融合が物理的にも図られています。AI研究者がバイオテクノロジーの研究を手掛けているなど、日本が推進している科学技術政策「Society 5.0」でも掲げられている“サイバー（データ）とフィジカル（リアルリソース等）の融合”がまさに実現されています。

バイオにより広がるビジネス領域

■■デジタルとの融合

デジタルデータを介して、バイオテクノロジーと流通、医療、金融、環境・エネルギーなどが融合することにより、新たな価値の創造やこれまでにないビジネスモデル創出が起きようとしています。

さらには、遺伝子を自在に操作する「ゲノム編集」や人工的に生物を創る「合成生物学」の研究も活発になっています。合成生物学はまだ発展途上ではありますが、人工遺伝子を細菌などに組み込むことには成功しています。新しい微生物からバイオ燃料や医薬品をつくる研究が進んでいます。

ゲノム編集技術の早期応用が期待されるのは、血液病や肝臓、眼などの遺伝的疾患です。局所的な遺伝子を編集することで治療できるためです。

また、免疫細胞の内部に侵入し、免疫機能を破壊するエイズに対してもゲノム編集技術が応用できる可能性があり、研究開発が進められています。

新型コロナウイルス感染症（COVID-19）の抗体ウイルスや医薬品、診断薬の開発にも、ゲノム編集技術が活用されています。2020年5月、Sherlock Biosciences社は、米国で初めて、コロナ診断薬「CRISPR SARS-CoV-2キット」の緊急使用許可（EUA）を米国食品医薬品局（FDA）から得ました。

ワクチンや医薬品、診断薬の開発には、通常、従来の臨床試験ではヒト試験を介するため、有効性の証明に非常に時間がかかりますが、ゲノム編集技術の進展により、通常よりも短期間での開発が可能となっています。

ビル＆メリンダ・ゲイツ財団は、遺伝子ドライブを利用し、マラリアやジカ熱、デング熱などを媒介する蚊を撲滅するプロジェクトを推進しています。

産業分野における世界的なパラダイムシフト

前述のとおり、2000年代初頭に人工的に生物を創り出す合成生物学が登場したことで、これまで利用しえなかった“潜在的な生物機能”を引き出すことが可能となり、化石燃料代替となる新たな素材が製造できるようになりました。

生物学分野に機械学習などのAI技術を導入することにより、膨大な情報のなかからいままで検知できなかった情報や遺伝子パターンを発見できる可能性があります。生物の特徴は、1つの遺伝子が決めているのではなく、さまざまな遺伝子が決めていると思われます。

生物の謎が解き明かされることにより、活用できる分野や種類は広がり、いままでにない素材が開発される可能性が広がります。それにより、さまざまなビジネス分野に変革がもたらされることが期待されています。

まさに、あらゆる産業分野において世界的にパラダイムシフトが起こっています。BioTech（バイオ×デジタルの融合）の進展により、既存のバリューチェーンを超えた動きが可能です。

倫理的な境界線

ゲノム編集技術は、これまで治すことができなかった疾病を治療することができる、未来の素晴らしい技術であり、人間の英知の結集です。一方、人の寿命や身体をコントロールすることができるため、人の遺伝子の編集をどこまで許容するか、倫理的な論争が巻き起こっています。

脳や筋肉、内臓、骨、皮膚といった体を構成する体細胞の編集は、将来世代に影響しないため許容されていますが、精子や卵子などの遺伝情報を子どもに伝える役割を担う生殖細胞は、将来世代・生態系に影響を及ぼす可能性があるため、認められていません。

体細胞編集により、筋肉の増量や目・肌・髪の色、見た目の若さを変えるなど、外見を変えることも可能となりますが、アイデンティティや多様性は失われる可能性があります。

2018年に中国で世界初のデザインベビー（遺伝子編集ベビー）が誕生し、世界が騒然となりました。ゲノム編集技術は、将来世代や生態系への影響、アイデンティティなどに大きくかかわってくるため、各国で規制やルールを決めるのではなく、世界的な規制やルールを決める必要があります。

現在のバイオテクノロジーは インターネット黎明期に似ている

“Bio is the new digital”. デジタル革命に続く、次のイノベーションの核となるのは何か。いま、大きな期待を集めているのが「バイオ」の革命です。バイオテクノロジーはデジタルの次の革新的技術といわれており、医療から農業、環境、食品まで幅広い産業分野でバイオテクノロジーの利用が加速しています。

バイオ革命を大きく後押しするのがAI（人工知能）に代表さ

れるデジタル技術です。両技術が融合することで、膨大な遺伝子情報の素早い解析やバイオ医薬品の迅速な開発につながるほか、微生物や農産物の培養・生産が飛躍的に高まることなどが期待されています。

世界経済フォーラムも社会経済に影響の大きい「2019年10大新興技術」に「生分解性プラスチック」や「DNAに情報を記録する新技術」など４つのバイオ関連を選び、この分野を重視しています。

1960年代にパーソナルコンピュータが登場した頃は非常に高価でしたが、価格が下がることにより家庭や教育現場に普及し、マイクロソフトやアップルなどのユニコーンを生み出しました。いま、同じ流れがバイオテクノロジー分野に押し寄せています。

ゲノム解読コストは大幅に下がり、2013年では30億ドル必要でしたが、わずか７年で１万分の１になり、1,000ドル／日まで下がりました。また、米国ではゲノム編集キットが約２万～３万円で販売されており、研究室以外の自宅でも手軽に実施できるようになりました。

2008年頃から自宅でゲノム編集技術に取り組むDIYバイオのコミュニティが立ち上がりました。いまや世界中にDIYバイオに取り組む市民バイオロジスト（バイオハッカー）がいます。組織とは別に自由に活動しているバイオハッカーは、新しい技術に対して積極的にアプローチしている点が全盛期のITベンチャーに似ています。

生物学者だけでなく、プログラマーや起業家、大企業の役員、市民までさまざまな専門知識を持つ人々が参加し、協業しながら、革新的な技術の開発に取り組めるオープン・プラットフォームが次々に立ち上がっています。

昨今、日本社会・企業は、DX（デジタルトランスフォーメーション）の推進に躍起になっており、デジタル戦略が重要となっています。１次産業を含め、あらゆる産業がデジタル化を進めており、インターネットでつながっています。

今後は、デジタル同様、バイオテクノロジーがあらゆる産業とかかわり、つながるようになることで、社会に大きなインパクトを与えるようになると思われます。これまでの科学技術で解決できなかった社会課題をバイオテクノロジーにより解決できる可能性があります。まさにBX（バイオトランスフォーメーション）です。

一方、バイオテクノロジーとデジタル技術には、生命にかかわる問題が存在するかどうかという決定的な違いがあります。人・社会・環境への安全性を確保しつつ、イノベーションを阻害しない環境および規制づくりが喫緊の課題となっています。

COVID-19で世界中が実感しているとおり、一国で発生した感染症は、すぐに世界に蔓延してしまいます。インターネットのようにファイアウォールで防ぐことはできません。国家や国境は関係ありません。だからこそ、グローバルでの連携とコミュニティ形成がますます重要となってくると思います。

バイオテクノロジーは、ほぼすべての産業と分野に影響を及ぼします。そのため、バイオテクノロジーのイノベーションには、公的機関や企業の研究者だけでなく、スタートアップやバイオハッカー、バイオテクノロジーの研究者を含め、あらゆる分野の人の参加が必要とされています。

現在、各国のバイオエコノミー戦略は概念や総論が中心となっており、基準や規制などの具体的な政策はこれから整備されていく段階です。まだまだ化石燃料中心の社会・経済となっているため、バイオエコノミーの実現のためには、将来のあるべき姿をしっかりと設定し、ロングタイムバリューで考えていく必要があります。

そのためには、短期的な視点ではなく、民間での投資が促進されるようなインセンティブなど、長期的・安定的な政策対応が必要とされています。また、バイオファウンダリーのグローバルなネットワーク化や、国際連携によるバイオマスの持続可能な活用の仕組みが求められています。

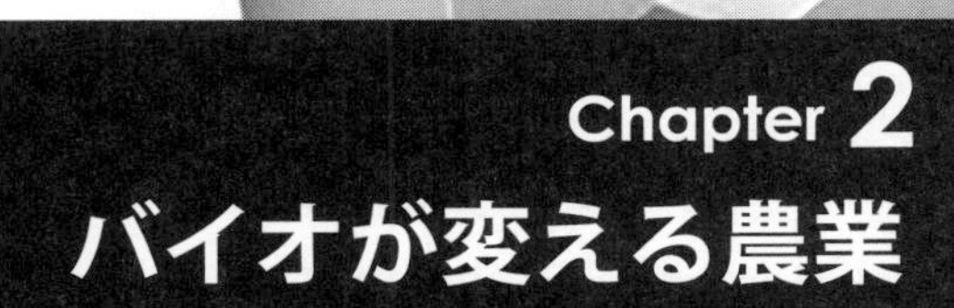

Chapter 2
バイオが変える農業

食農分野におけるBioTechの可能性

「緑の革命[1]」以降、イノベーションが生まれていなかった食・農業分野において、近年、ロボット技術や深層学習、バイオテクノロジー、ゲノム編集技術等の著しい技術革新により、フードバリューチェーン全体にテクノロジーを導入する“アグリフードテック（Agri-FoodTech）”、BioTechが注目されています。

Agri-FoodTechやBioTechの普及・拡大は、気候変動や食料問題、環境負荷低減など、企業の経営活動や食文化に対しても大きな影響を及ぼしている世界的な社会課題解決だけでなく、新たなイノベーションが創出されることを期待されています。

日本は化石燃料資源が乏しい国ですが、化石燃料にかわる技術と自然資源を持っています。しかし、日本企業が技術はあるのに世界で勝てない現状が続いています。一方、欧米各国は新たな技術開発やイノベーションの創出を進めると同時に、規制・制度構築等のルール形成に取り組むことで、社会課題解決と経済成長の両立を図っています。

Agri-FoodTech、BioTechは、まだ世界でも始まったばかり

1　緑の革命とは、高収量品種、化学肥料や農薬などの導入による生産性向上による穀物の生産性向を実現化した農業革命の１つ

であり、日本企業がゲームチェンジを引き起こせる可能性が残っています。日本企業が技術はあるのに世界で勝てない現状から脱却するためには、民間主導の技術革新とルール形成戦略の両面から取り組む体制を構築することが急務となっています。

人口爆発と気候変動が及ぼす食料生産や食文化への影響

「緑の革命」以降、化学肥料や農薬の開発、かんがい施設・農業機械の進展など、さまざまな技術革新が起こり、食糧生産量が画期的に向上しています。しかし、国際連合食糧農業機関（FAO）は、2050年の世界人口100億人を養うためには、食料生産全体を2010年比で1.7倍（58.17億t）に引き上げる必要があるとしています[2]。

一方、近年の異常気象や干ばつなどの気候変動は、消費者だけではなく企業の経営活動にも大きな影響をもたらしています。2017年のポテトチップス販売中止や2017年冬の野菜高騰など、われわれの食生活にも多大なる影響を及ぼしたことは記憶に新しいと思います。カルビーは、この異常気象の影響による

2　FAO「How to Feed the World in 2050」（2009年）

ジャガイモ不足により、ポテトチップスが販売休止に追い込まれ、３カ月で約57億円の減収となりました。

さらに、2021年秋以降、世界的にさまざまな食料価格が高騰したあおりを日本も受けています。2022年１月31日以降、カルビーはポテトチップスの価格を７～10％程度値上げせざるをえない状況となっています。

これは、高温や干ばつのなどの気候変動の影響により、原料の北海道産ジャガイモの収穫量が減る見通しであることに加え、食用油など一部の原材料価格が世界的に大幅に上昇していることが要因です。

2021年４月に国際連合食糧農業機関（FAO）は、2008～2018年の災害による農業・畜産業の経済損失は新興国だけで1,080億ドルにのぼると報告しました。もう、気候変動による農作物への影響は諸外国の問題などとはいっていられません。気候変動が日本の食料生産に及ぼす影響としては、栽培適地の変化や漁獲量の減少などがあげられます。日本は食料の60％を輸入に依存しているため、気候変動が世界の食料と農業に与える影響は、日本にとっても非常に深刻な課題となっています。現在引き起こされている現象について、以下に概説します。

■■異常気象による収穫量の減少

ブリティッシュコロンビア大学のNavin Ramankutty教授は、近年の異常気象や干ばつなどの気候変動は、農業先進国においても農作物の収穫量に大きな影響を及ぼしており、トウモロコシ、コムギ、コメなどの穀物の収穫高が過去50年で10％も減少していることを発見しました。

気候変動に関する政府間パネル（IPCC）第5次評価報告書（AR5）では、熱帯および温帯地域の主要作物（コムギ、コメおよびトウモロコシ）について、適応がない場合、その地域の気温上昇が20世紀後半の水準より2℃またはそれ以上になると、生産に負の影響を及ぼすと予測しています（Fig2-1参照）。

実際、2007年からのグローバルリスクの認識推移をみると、近年、気候変動リスクは、グローバルリーダーから重要かつ発生可能性の高いリスクとして認識されていることがわかります。

Fig2-1 ● 21世紀の気候変動による作物収量の予測

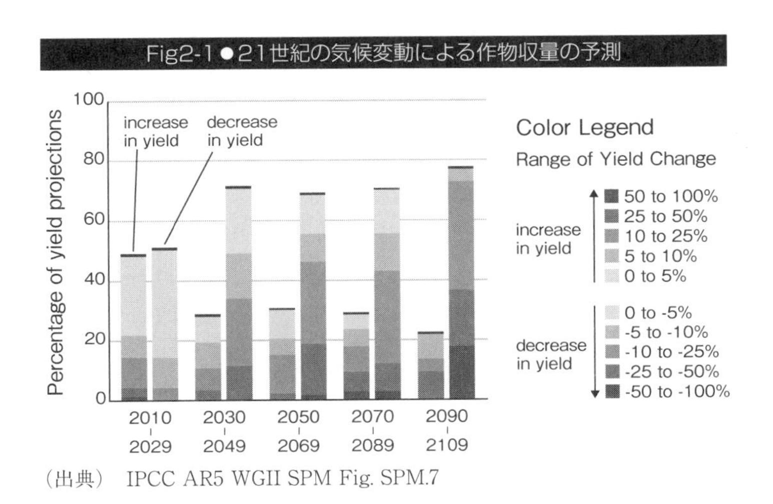

（出典） IPCC AR5 WGII SPM Fig. SPM.7

Fig2-2●グローバルリスクの認識推移（2012〜2021）

①発生の可能性が高いグローバルリスク

	1位	2位	3位	4位	5位
2020	異常気象	気候変動対策の失敗	自然災害	生物多様性の喪失	人為的な環境災害
2019	異常気象	気候変動対策の失敗	自然災害	データの不正利用	サイバー攻撃
2018	異常気象	自然災害	サイバー攻撃	データの不正利用	気候変動対策の失敗
2017	異常気象	非自発的移住	自然災害	テロ攻撃	データの不正利用
2016	大規模な非自発的移住	異常気象	気候変動対策の失敗	国家間紛争	自然災害
2015	国家間紛争	異常気象	国家統治の失敗	国家の崩壊または危機	高度の構造的失業または過少雇用
2014	極端な所得格差	異常気象	失業・不完全雇用	気候変動	サイバー攻撃
2013	極端な所得格差	長期間にわたる財政不均衡	温室効果ガス排出量の増大	水供給危機	人口高齢化
2012	極端な所得格差	長期間にわたる財政不均衡	温室効果ガス排出量の増大	サイバー攻撃	水供給危機
2011	暴風雨熱帯低気圧	洪水	不正行為	生物多様性の喪失	気候変動
2010	資産価格の崩壊	中国経済成長鈍化	慢性疾患	財政危機	グローバル・ガバナンスの欠如
2009	資産価格の崩壊	中国経済成長鈍化	慢性疾患	グローバルガバナンスの欠如	グローバル化の抑制(新興諸国)
2008	資産価格の暴落	中東の不安定	国家破綻および危機	石油価格の急激な高騰	慢性疾患
2007	インフラの故障	慢性疾患	石油価格の急激な高騰	中国経済のハードランディング	資産価格の暴落

■ 経済　■ 地政学　■ 社会　■ テクノロジー　■ 環境

②影響が大きいグローバルリスク

	1位	2位	3位	4位	5位
2020	気候変動対策の失敗	大量破壊兵器	生物多様性の喪失	異常気象	水危機
2019	大量破壊兵器	気候変動対策の失敗	異常気象	水危機	自然災害
2018	大量破壊兵器	異常気象	自然災害	気候変動対策の失敗	水危機
2017	大量破壊兵器	異常気象	水危機	自然災害	気候変動対策の失敗
2016	気候変動への対応の弱さ	大量破壊兵器	水危機	非自発的移住	エネルギー価格の変動
2015	水危機	感染症疾患の迅速かつ広範囲にわたる蔓延	大量破壊兵器	国家間紛争	気候変動対策の失敗
2014	財政危機	気候変動	水危機	失業・不完全雇用	重要情報インフラの故障
2013	システミックな金融破綻	水供給危機	長期間にわたる財政不均衡	大量破壊兵器	気候変動対策の失敗
2012	システミックな金融破綻	水供給危機	食糧危機	長期間にわたる財政不均衡	エネルギー・農産物価格の急激な変動
2011	財政危機	気候変動	地政学的紛争	資産価格の崩壊	エネルギー価格の急激な変動
2010	資産価格の崩壊	グローバル化の抑制(先進国)	石油価格の急騰	慢性疾患	財政危機
2009	資産価格の崩壊	グローバル化の抑制(先進国)	石油・ガス価格の急騰	慢性疾患	財政危機
2008	資産価格の暴落	グローバル化の抑制(先進国)	中国経済のハードランディング	石油価格の急激な高騰	パンデミック
2007	資産価格の暴落	グローバル化の抑制	国家間の戦争や内戦	パンデミック	石油価格の急激な高騰

■ 経済　■ 地政学　■ 社会　■ テクノロジー　■ 環境

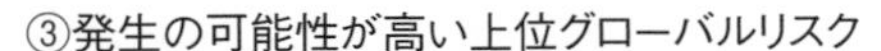

③発生の可能性が高い上位グローバルリスク

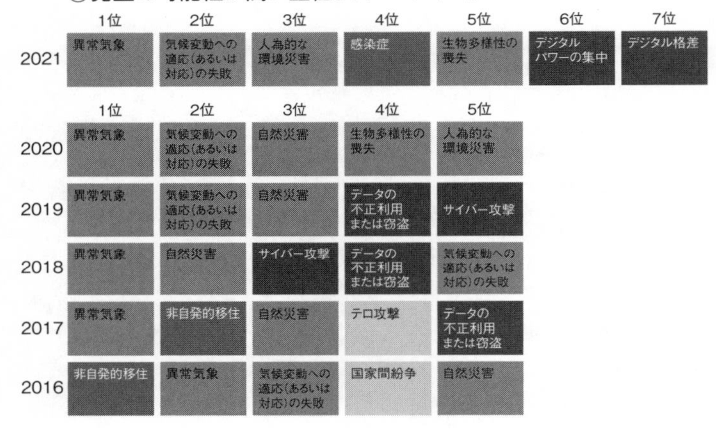

	1位	2位	3位	4位	5位	6位	7位
2021	異常気象	気候変動への適応（あるいは対応）の失敗	人為的な環境災害	感染症	生物多様性の喪失	デジタルパワーの集中	デジタル格差

	1位	2位	3位	4位	5位
2020	異常気象	気候変動への適応（あるいは対応）の失敗	自然災害	生物多様性の喪失	人為的な環境災害
2019	異常気象	気候変動への適応（あるいは対応）の失敗	自然災害	データの不正利用または窃盗	サイバー攻撃
2018	異常気象	自然災害	サイバー攻撃	データの不正利用または窃盗	気候変動への適応（あるいは対応）の失敗
2017	異常気象	非自発的移住	自然災害	テロ攻撃	データの不正利用または窃盗
2016	非自発的移住	異常気象	気候変動への適応（あるいは対応）の失敗	国家間紛争	自然災害

④影響が大きい上位グローバルリスク

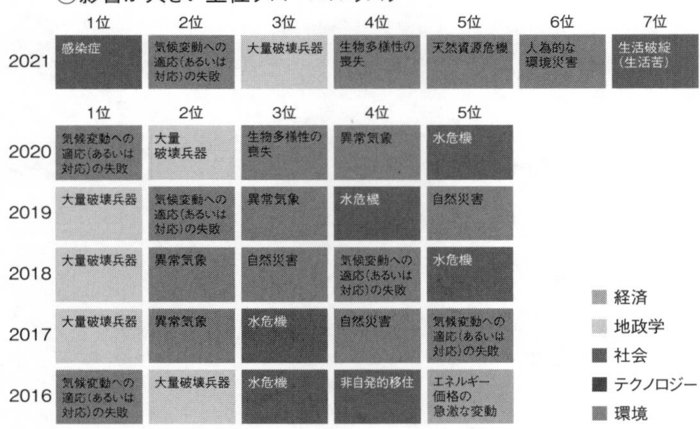

	1位	2位	3位	4位	5位	6位	7位
2021	感染症	気候変動への適応（あるいは対応）の失敗	大量破壊兵器	生物多様性の喪失	天然資源危機	人為的な環境災害	生活破綻（生活苦）

	1位	2位	3位	4位	5位
2020	気候変動への適応（あるいは対応）の失敗	大量破壊兵器	生物多様性の喪失	異常気象	水危機
2019	大量破壊兵器	気候変動への適応（あるいは対応）の失敗	異常気象	水危機	自然災害
2018	大量破壊兵器	異常気象	自然災害	気候変動への適応（あるいは対応）の失敗	水危機
2017	大量破壊兵器	異常気象	水危機	自然災害	気候変動への適応（あるいは対応）の失敗
2016	気候変動への適応（あるいは対応）の失敗	大量破壊兵器	水危機	非自発的移住	エネルギー価格の急激な変動

（出典）　世界経済フォーラム「The Global Risk Report 2021」

産地地図の塗り替え

気候変動の影響により、従来の生産地でのブドウ栽培が困難となっており、近い将来、世界のワイン産地地図が塗り替えられる可能性があります。

日本では、積雪地である新潟県の佐渡島において、暖地を生育適地とするミカンの栽培が増加、愛媛県松山市では熱帯で育つアボカドの産地化が振興しており、産地地図の塗り替えが始まっています（Fig2-3参照）。

気候変動の影響を受けるのは農作物だけではありません。海水温度の上昇により、水産生物の回遊域の変化がみられ、漁獲量が減少している地域が増えています。近いうちにサンマやブリは高級魚になるかもしれません。

農林水産省が実施した、今後、気候変動による海水温の上昇が進行した場合の水産資源への影響評価によると、日本海のスルメイカや北太平洋のシロザケは、2100年頃に向けて夏季の分布域が当然のこととして北上することが予測されています。

日本人が親しんできたスルメイカが記録的な不況に陥っています。原因は主な産卵場所である東シナ海の海水温が低くなったことと、日本海で産卵場所が地球温暖化の影響で水温が高くなっていることで産卵に適した温度の海域が狭まっていることです（Fig2-4参照）。

Fig2-3●気候変動が果樹生産に与える影響

りんごの気温上昇による栽培適地の移動

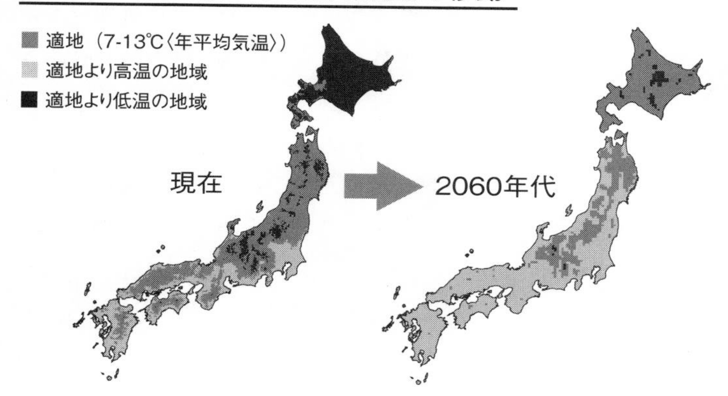

うんしゅうみかんの気温上昇による栽培適地の移動

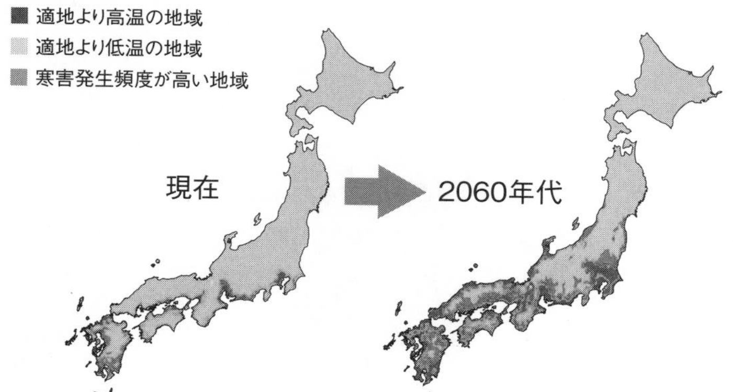

（出典）　農林水産省「農業分野における気候変動・地球温暖化対策について」（2020年12月）

Fig2-4 ● 日本海沿岸域におけるスルメイカの漁獲量の変化

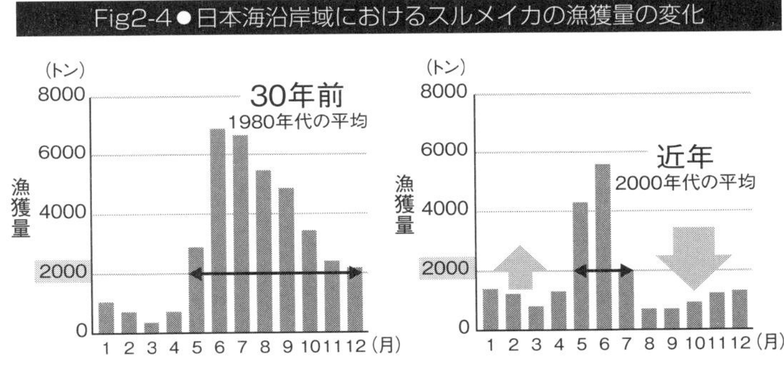

（出典）国立研究開発法人水産研究・教育機構「気候変動に対する漁業資源の応答と水産業の適応」

■■ コーヒー2050年問題

世界で流通しているコーヒー豆の約70％を占めるアラビカ種の栽培適地は、コーヒーベルトといわれる北緯25度～南緯25度に位置しています。

米国の国際的な研究機関World Coffee Research（WCR）の2016年の調査[3]によると、2050年には現在のコーヒー生産量の２倍の需要量となっていますが、気候変動の影響により栽培適地は半減するといわれています。気候変動に適応させたコーヒー生産方法に切り替えない限り、2050年には世界的生産量が現在の生産量を下回る可能性があります。

最大産地であるブラジル、ベトナム、コロンビアは大打撃を

3 World Coffee Research「Annual Report 2016」

受けるだけではなく、30年後にはおいしいコーヒーを安価に飲むことができなくなるかもしれません。これが“コーヒー2050年問題”です。

一方、現在のコーヒー栽培による環境負荷は大きく、熱帯林がプランテーションになると生物多様性が損なわれるだけではなく、大量の水資源を必要とします。コーヒー栽培は、気候変動の促進にもつながっています。

気候変動による影響は、食料生産量だけではなく、世界の食文化（農作物・水産物）へも大きな影響をもたらしています。また、新興国の所得増加による食生活の変化や人口増加による影響も大きい状況です。

欧米では、世界の爆発的な食料需要の増加に対する解決策や環境配慮、気候変動対策として、「Agri-FoodTech（農業×テクノロジー）」が注目されてきました。一方、日本では、農業セクターの労働力不足や人手に頼った重労働、生産性の向上等が喫緊の課題となっており、解決策の１つとして、IoT・AI、農業ロボット等の導入による効率化やデジタル化等、AgTechの導入が推進されています。

欧米と日本では着目する観点は異なりますが、いずれにせよ、Agri-FoodTechが、社会課題解決策の１つとして期待されている点は同じです。

■■ 穀物価格の高騰

2019年8月、国連気候変動に関する政府間パネル（IPCC）の特別報告書[4]において、気候変動の影響により2050年には穀物価格が最大23％上昇するおそれがあると報告されました。

同報告書によると、1961年比で植物油および肉の1人当り供給量が2倍以上に増加、1人当りの食料供給カロリーは約33％増加、食料の25〜30％は食品ロスとなることが報告されています。

また、農林水産業からの温室効果ガス（GHG）排出量は、ここ50年で約2倍となっており、削減策を講じなければ2050年までに30％上昇すると報告されています。世界の温室効果ガス排出量の25％が農林業から排出されており、現行の食料生産システムそのものが気候変動を加速させる要因の1つとなっています。

さらには、トウモロコシや大豆、パーム油等を活用したバイオ燃料は食料と競合することも問題視されています。実際、FAO[5]は、2019年12月に世界の食料価格がバイオ燃料使用の増加と中国でのタンパク質需要増加による食肉価格上昇により2年ぶりに高水準となったと発表しています。世界の食料価格

4　環境省「気候変動と土地：気候変動、砂漠化、土地の劣化、持続可能な土地管理、食料安全保障及び陸域生態系における温室効果ガスフラックスに関するIPCC特別報告書」（環境省による仮訳、2019年12月）
5　国際連合食糧農業機関（FAO）、2019/12、食料価格指数（2002〜04＝100）

は、前年比で2.7%、パーム油などの植物油は10.4%、食肉は4.6%上昇しています。

■■迫る「2050年世界タンパク質危機」

世界的な人口爆発や新興国の経済成長により食肉需要が急拡大しており、FAOの予測によると、2050年には2007年比で1.8倍[6]になると予測されており、食肉供給が追いつかない状況です。

世界の食肉消費量は、2000年から2030年までの30年間で70%、2030年から2050年までの20年間でさらに20%拡大するとされ、世界の食料需要量のなかでも、畜産物と穀物の増加が大きく、人口増加や経済発展を背景に、低所得国の食料需要量は2.7倍、中所得国が1.6倍に増加すると予測されています。

食肉の生産には、その何倍もの飼料穀物を家畜に与える必要があり、現在、収穫された穀物の半分近くが飼料として消費されています（Fig2-5参照）。食肉需要が増加すると、急激に穀物需要が増加します（Fig2-6参照）。

前述のとおり、過去50年、気候変動や資源逼迫等によって穀物の収量増加率は低減傾向にあり、従来と同じような収量の増加率を維持することはむずかしくなっています。そのため、近い将来、畜産に必要な飼料を確保することができなくなること

6　FAO, “How to Feed the World 2050”, 2009 “The State of Food and Agriculture”, 2016

Fig2-5 ● 世界の穀物消費用途比率（カロリーベース）（2018年）

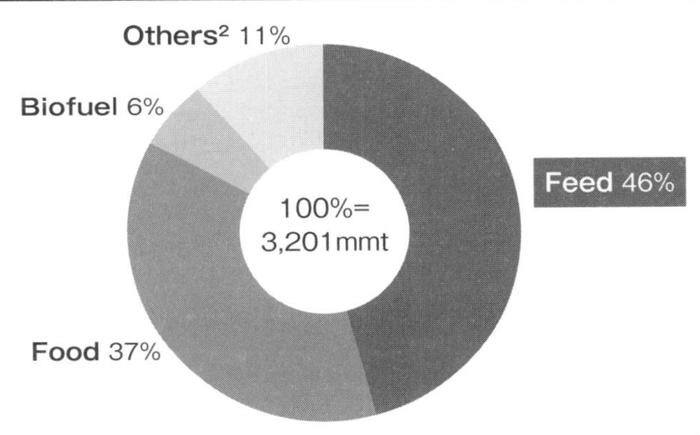

（出典） AT Kearney「How Will Cultured Meat and Meat Alternatives Disrupt the Agricultural and Food Industry ?」（2019年）

Fig2-6 ● 世界全体の品目別食料需要量の見通し

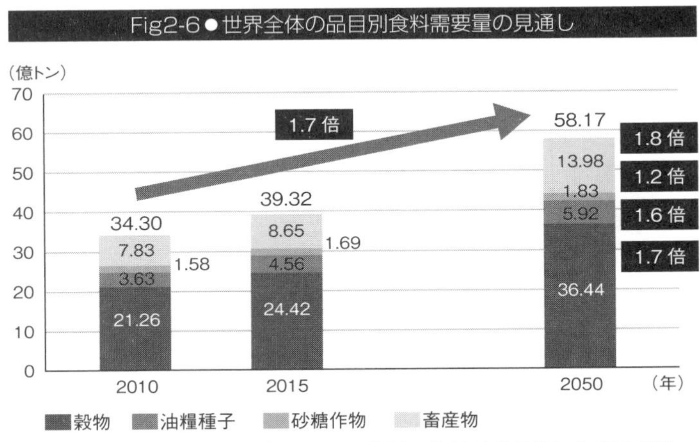

（出典） 農林水産省「2050年における世界の食料需給見通し」（2019年）

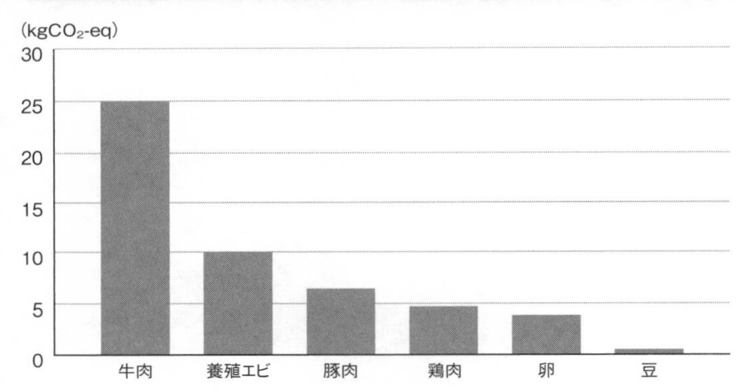

（出典） Our World in Data「Less meat is nearly always better than sustainable meat, to reduce your carbon footprint」（2020年）をもとに筆者作成

が懸念されています。

さらには、食肉生産に必要な飼料穀物の栽培も食料供給逼迫をいっそう促進させている状況です。

以上のとおり、従来の食肉生産方法では、需要をまかなうことがむずかしく、許容することができません。世界の食肉需要に対応すべく従来の食肉生産を拡大することは、温室効果ガス排出量の面からも土地利用の面からもむずかしく、近い将来世界的なタンパク質不足に陥る可能性が高い状況になっています。

さらに、畜産はCO_2を多量に排出するため（Fig2-7参照）、温暖化を促進させ、人間および畜産に不可欠な穀物生産量を減少させるという負の循環を招く可能性があります。

それに加えて、鳥インフルエンザやアフリカ豚熱などの家畜伝染病の流行による食肉の供給不足や、コロナ禍によって世界的にフード・サプライチェーンが分断したことより、食肉供給に混乱を来したことも危機意識を高める要因となりました。

日本の食料安全保障

世界で需要が増加する魚介類などの水産物は、グローバルでの争奪戦が激しくなり、世界の水産物価格は、2003年頃から60％以上高くなっています。

一方、物価が停滞し世界における購買力が減少する日本は、海外輸入に依存しているにもかかわらず買い負けが発生しており、将来輸入できなくなる可能性が高く、大衆魚とされてきたサーモンやタコが日本の食卓から消える可能性があります。

日本ではまだあまり食料安全保障への関心は高くないかもしれませんが、食料需要の急増著しい中国が、食料輸出大国から輸入大国に変わりつつあります。

日本の食料自給率はカロリーベースで約37％、ピークだった1965年度の73％からずっと低下傾向になっており、日本は食料の62％を海外に依存しています[7]。比較的、国内生産量の多い野菜においても、その種苗生産は約９割を海外に依存しているため、種子生産を含めた国内生産量は生産量の１割に満たない状況です。

7　農林水産省「食料自給率、食料自給力指標について」

食料価格の高騰は大きな問題です。中国が穀物・大豆・食肉を大量に輸入し始めたことにより、日本の買い負けが続いています。食料の輸入で中国などに買い負ける状況が顕在化すれば、日本でも食料価格が上昇する事態は避けられない状況です。

農業の概念と文化を覆す新農法

■■バイオで広がる都市農業の可能性

垂直型農業の登場により、農作物の栽培や家畜の飼育には、“広大な”農地が必要という概念が覆されつつあります。垂直農法は、従来の農法とは異なり、限られたスペースで効率的に野菜を栽培する手法です。

定植や運搬などすべての生産作業を最先端の栽培技術とロボティクス技術に置き換え、自動化することにより、省力化や効率化だけではなく省スペース化を図り、単位面積当りの生産量を飛躍的に高めています。垂直農法は、露地栽培の10分の１以下の面積で、同じ生産量を確保することが可能です。

米国のランカスター市（ペンシルベニア州）では、高層ビルを農地とした垂直式の高層植物工場の建設が開始されています。

ソフトバンクグループは、シリコンバレーを拠点として垂直農業による都市農業に取り組むスタートアップ企業Plentyに対して、農業技術への投資としては過去最高となる約220億円を投資しました。出資者には、ジェフ・ベゾスやエリック・シュミットの投資ファンドなど、複数のベンチャーキャピタルが名を連ねています。

オランダでは畜産・植物生産をする水上ファームの建設を検討しています。パリやトロントでも建築（アーキテクチャー）に農業（アグリカルチャー）を融合した都市構想「アグリ・テクチャー」の検討が進んでいます。

米国ニュージャージー州に拠点を置くエアロファームは、屋内施設にプランターを高さ９m以上積み上げた垂直農法を実現しています。最新のデジタル技術や栽培技術などを駆使し、食味・大きさ・栄養素を制御すると同時に、露地栽培比で水の使用量が95％削減可能といわれています。

日本でも取組みが進んでいます。京都市のベンチャー企業スプレッドは、日産３万株のレタスを栽培可能な植物工場をスタートさせています。育苗から収穫までの栽培工程を自動化した垂直農法で、露地栽培の120倍の単位面積当り生産量を実現しています。

農業の概念を覆す垂直農法が、大きな関心を集める理由は、世界的な食料問題と気候変動です。20世紀半ばの緑の革命以降、化学肥料や農薬の開発、かんがい施設・農業機械の進展などのさまざまな技術革新が起こり、食料生産量が画期的に向上しています。しかし、近年の異常気象や干ばつなどの気候変動は、世界の食料供給に大きな影響を及ぼしています。

そうした課題を最新テクノロジーで解決し、資源確保の問題も含め、持続可能な農業へ転換することが期待されています。

■■農業ロボットのインテリジェント化

農業ロボットは、画像認識技術や機械学習、コンピュータビジョン技術を活用し、これまで手作業が必要だった除草、間引き、生育確認などを自動判断し、リアルタイム分析を行えるまでに進展しています。

シリコンバレーのベンチャー企業Blue River Technologyは、画像認識用カメラにより、芽と雑草を識別して除草するだけではなく、間引きおよび肥料散布の必要性も自動判断するトラクターを開発しました。イスラエルのベンチャー企業Prospera社（プロスペラ）は、AIとコンピュータビジョン技術を応用し、農業用ロボットが作物の健康状態や発育状況をモニターし、リアルタイム分析を行うことより、必要な水量や栄養素、収穫予測等の情報を提供する開発に取り組んでいます。

農業ロボットは、これまでの単なる作業支援ツールではなく、ハードウエアとソフトウエアの融合により、さらなるインテリジェント化が図られようとしています。これは、近年、情報通信技術やセンシング技術だけではなく、自律移動技術、深層学習、画像認識技術、音声解析技術等の著しい技術革新が起こっているからです。

欧米では、世界の爆発的な食料需要の増加に対する解決策や環境配慮、健康志向の高まりからAgri-FoodTechの普及に期待が寄せられています。米国の食農関連ベンチャーキャピタルの調査によると、食料および農業分野のスタートアップ企業に対する投資額は、2018年に前年比43％増の169億ドルに達しました。Agri-FoodTech分野は、依然として米国が牽引していますが、最近では、中国、インド、ブラジルの投資額が大きくなってきています。

■■ 畜産業界におけるAgri-FoodTech

畜産業においてもIoT・AIの導入が進んでいます。オランダのロッテルダムでは、持続可能な都市型スマート農業を目指し、畜産・植物工場を行う水上ファームの建設が研究されています。

日本では、親牛の体温を監視することで、分娩の細かい経過や発情の兆候を検知する飼育工程管理システム、鶏舎内の温湿度管理と空調制御システム、養豚場にIoT・AIを導入し、豚の健康状態や分娩時期を推定する飼育支援システムデジタル端末で豚を撮影することにより、AIで体重を推計するシステムなどが開発されています。

Agri-FoodTechは、施設園芸だけではなく畜産業にも進展してきています。生産管理や酪農経営の観点より、家畜ヘルスケアや飼育工程管理、自動化技術などは、費用対効果が大きいため農作物よりも技術導入が大きく進みそうです。

■■バイオコーヒー

前述した「コーヒー2050年問題」に対応するため、世界でさまざまな取組みが進んでいます。気候変動に強い品種改良が実施されていることはもちろんのこと、米国のスタートアップ企業Atomo Molecular Coffeeは、コーヒー豆を使わないバイオコーヒーの開発に取り組んでいます。バイオテクノロジーを活用して植物の茎、根、種の殻など、捨てられてしまうものから人工のコーヒー豆を開発しました。

まさに、これまで誰も利用しなかったものに最新のバイオテクノロジーを導入することにより実現させた“アップサイクル食品”です。

また、フィンランド技術研究センターは、コーヒーの木の細胞を培養することにより、細胞農業によりコーヒー豆を栽培することなくコーヒーを再現することに成功しました。培養コーヒーの誕生は、「コーヒー2050年問題」の解決だけではなく、コーヒー栽培が影響を及ぼしている気候変動の緩和策にもなると思われます。

ミートレス社会の到来

■■ 代替プロテイン

欧米の食肉消費量は世界の大半を占めていますが、近年欧米における１人当り年間食肉消費量は減少傾向にあります。この傾向は、環境問題や健康、動物愛護の観点を重視するミレニアル世代が牽引しています。ミートレス社会の到来です。

米国カリフォルニア州の食品テクノロジー企業Beyond Meatは時代の潮流に乗り、約5,300兆円規模の世界の食肉産業にパラダイムシフトを引き起こそうとしています。

Beyond Meatの主力商品は、えんどう豆等の植物由来のタンパク質を材料とする肉やソーセージを模倣した、フェイクミートです。食肉は一切使用せず、最先端の化学技術により、えんどう豆やそら豆等の植物由来の原料を用いて、風味や食感、見た目、肉汁を限りなく本物の食肉に近づけています。

さらに、鉄分やアミノ酸、ビタミン等をブレンドし、高い栄養素を含んだ食品となっており、「次世代の食」としてベジタリアン以外の肉食者からも注目されています。Beyond Meat以外にも動物性タンパク質を模倣したフェイクミートのスタートアップが数多く立ち上がっています。

現在、Whole Foods Market、Amazon、小売大手のSafeway

やKroger、Albertsonsなど、全米2万7,000以上の店舗やレストランが取り扱っており、精肉コーナーに肉と一緒に陳列されています。驚くことに同社の製品を購入する消費者の70%が肉食者だそうです。

ビル・ゲイツやセルゲイ・ブリンなど、シリコンバレーの投資家や、米国食肉最大手であるタイソン・フーズなどの大手食品メーカーが積極的にBeyond Meatに投資していいます。

代替プロテインを手掛ける企業が増加しており、欧州、米国、中国を中心に、2018年からの5年間、平均6.8%で市場が拡大していくと予想されています。

また、代替プロテインとしては、藻類、昆虫なども注目されています。微生物と植物の両方の特徴を持っている微細藻類は、燃料となるだけではなく、タンパク質や炭水化物になる潜在能力を秘めており、CO_2も吸収します。

微細藻類から生成される物質は、エネルギー産業をはじめ、今後深刻なタンパク質不足が危ぶまれる食品産業、原料不足の発酵産業や化学産業などさまざまな産業への提供が可能となります。

実は、代替プロテインといわれるものは古くから存在しており、日本では、豆腐やテンペなどを昔から代替肉として料理に使用してきました。イギリスでは、1985年にマイコプロテインといわれる真菌由来のタンパク質を原料とした代替肉が登場し、欧米を中心に販売されています。

最近では、肉の分子構造を分析し、より食肉に味やテクスチャーを近づける技術が開発され、構造や食感、香りなどが再現できるようになりました。

昔からあるにもかかわらず、欧米で代替プロテインに対して、こんなにも名だたる投資家から注目されている理由は、やはり世界的な食料問題と気候変動です。

■■ 食肉生産に必要な資源量

現在の食料システムは地球環境に大きな負荷をかけています。牛のげっぷには、消化管内発酵[8]により産生する温室効果ガスであるメタンが含まれており、メタンはCO_2の約25倍もの温室効果があります。

農研機構によると、世界の牛の腸内発酵により生じる温室効果ガスの量は全世界で年間約20億t-CO_2[9]と推定され、世界の温室効果ガス排出量の4％を占めており、米国の総排出量約50億t-CO_2の半分の規模、インドに次ぐ排出量となっています。

FAOによると、家畜の消化管内発酵により生成されるメタンは、農業部門（2011年）における総温室効果ガス排出量の39％を占めており、2001～2011年の間に腸内発酵からの排出量は11％増加[10]しています。

また、私たちが主にタンパク質を摂取している食肉の生産に

8　家畜が食べ物を消化する際に生成され、げっぷを通して放たれるメタンガスに起因するもの

9　農研機構プレスリリース「（研究成果）乳用牛の胃から、メタン産出抑制効果が期待される新規の細菌種を発見」（2021年11月30日）

10　国際連合食糧農業機関（FAO）駐日連絡事務所ニュース「農業からの温室効果ガス排出は増加」（2014年4月14日）

は大量の穀物や水を必要とするうえ、温室効果ガスも大量に排出しています。農作物1kgの生産に必要な水はコメで3.6t、牛肉で20.6t、食肉1kgをつくるのに必要な飼料に至っては、牛肉で11kg、豚肉で7kg、鶏肉で4kg[11]と、膨大なエネルギーと水を消費します。この数値は、家畜の体重1kg当りに必要な飼料であるため、可食部1kg当りに必要な飼料の量を考えると、食肉生産が環境に与える負荷は計り知れません。

これは食肉に限ったことではありません。世界の温室効果ガス排出量のうち、農業や林業、その他土地利用の排出量は約

Fig2-8●食肉需要予測

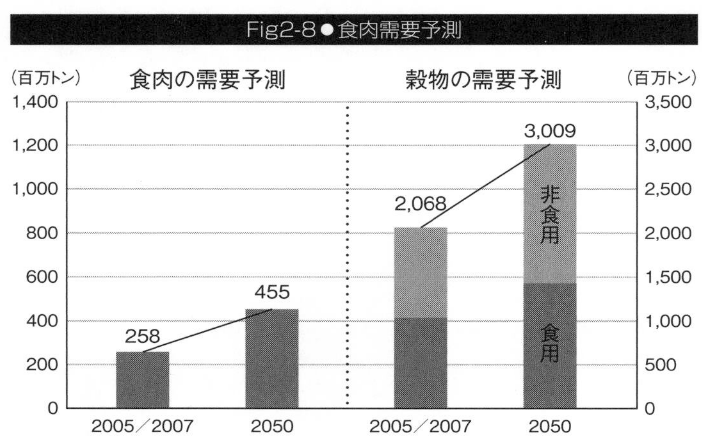

(出典) FAO「World agriculture towards 2030/2050: the 2012 revision」をもとに筆者作成

11　農林水産省「知ってる？　日本の食料事情〜日本の食料自給率・食料自給力と食料安全保障〜」(2015年10月)

23％にもなると、2019年に気候変動に関する政府間パネル（IPCC）が発表しました。

爆発的な人口増加と新興国の経済発展で、現行の食料生産システムそのものが気候変動を加速させる一因になっています。フェイクミートの普及は、爆発的な食料需要の増加への対応や気候変動の緩和策となるだけではなく、動物由来の食品市場と食文化に大きな変革をもたらす可能性があります。

前述のとおり世界の食肉消費量の大半は欧米が占めますが、1人当りの消費量は近年、減少しています。

「ミートレス社会」の到来、世界では、すでに家畜に頼らない肉を食べる文化が始まっています。

食肉業界のゲームチェンジ

■■細胞農業

2016年頃より大きな関心を集めているのが、細胞農業（Cellular Agriculture）です。細胞農業とは、従来のように動物を飼育・植物を育成することなく、生物を構成している細胞をその生物の体外で培養することによって行われる新しい生産の考え方です。

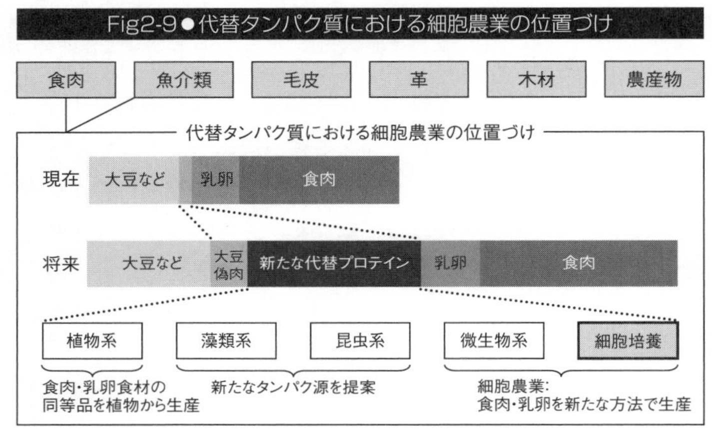

(出典)　筆者作成

細胞農業で生産が可能なものは、牛肉や豚肉、魚肉などの代替タンパク質だけではなく、農作物、毛皮や革、木材なども理論的には培養可能です。

■■培 養 肉

Beyond Meatに続き注目されているのが、バイオテクノロジーにより牛や鶏、魚などの筋肉細胞を人工的に培養する“培養肉”です。細胞農業技術を活用して栽培された培養肉は、環境負荷が小さいとして次世代の食材と期待されています。

気候変動と人口爆発を背景に、食肉の生産地が、牧場から培養液が入ったシャーレに変わろうとしています。最近は「ク

Fig2-10 ● 動物由来肉と人工培養肉の比較

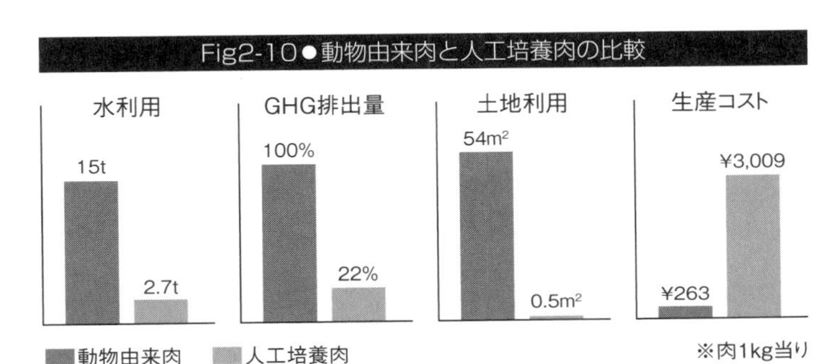

（出典） CB insights「12 Food Trends To Watch in 2018」より筆者作成

リーンミート」が一般的な名称となってきています。

培養肉は、2013年にオランダのマーストリヒト大学教授のマーク・ポスト医学博士により開発されました。2013年当初は200gの製造に3,000万円前後かかっていた培養費用が、5年間で100g当り数万円となるまで技術開発が進んでおり、2022年中に100g当り数千円での販売を目指しています。

人口増加や新興国の経済成長に伴い食肉需要が急拡大しており、国際連合食糧農業機関（FAO）は2050年に2007年比で1.8倍になると予測しています（Fig2-8参照）。供給が追いつかないだけではなく、食肉生産には大量の穀物と水が必要で、温暖化ガスも大量に排出するため、環境へも大きな負荷となります。

世界の食肉需要に対応すべく従来の食肉生産を拡大することは、温室効果ガス排出量の面からも土地利用の面からもむずかしく、近い将来世界的なタンパク質不足に陥る可能性が高い状況です。

そこで、環境に優しい効率的なタンパク質生産技術として注目されているのが、細胞を培養して食肉に仕立てる「培養肉」です。また、2019年に世界中で大流行したアフリカ豚熱（アフリカ豚コレラ）やアフリカのサバクトビバッタの大発生の影響による食肉供給の逼迫、2020年から猛威を振るっているCOVID-19が追い風となっています。

近い将来、神戸牛や松阪牛と並んで、培養肉が選択肢の1つとなるかもしれません。

■■培養肉における海外の企業動向

2020年12月、シンガポール当局（Singapore Food Agency）による安全性評価レビューを通過したイート・ジャスト（Eat Just）が、培養鶏肉の販売許可を世界で初めて取得することとなりました。2021年5月には、同社は、シンガポールのレストランに対して培養鶏肉の供給を始めています。

培養肉は、世界で初めて販売許可が下りたばかりの状況で、研究開発ステージのスタートアップがひしめく黎明期の段階です。

数年以内には店頭に並べようと、米国を筆頭にオランダ、イスラエル、日本、中国などにおいて、市販に向け世界中の企業が開発を急いでいます。

いち早く取り組んだのが米メンフィス・ミーツ（Memphis Meats）で、牛肉や鶏肉の肉片の生成に成功しています。米ニュー・エイジ・ミーツはゲノム（全遺伝情報）編集技術を活用しています。米国のスタートアップのブルーナルはクロマグロの培養魚肉、ワイルドタイプは培養サーモンの販売を目指しています。

イスラエルでも活発で、フューチャー・ミート（Future Meat）は各種食肉、アレフ・ファームズ（Aleph Farms）は宇宙での食肉生産、スーパーミート（SuperMeat）は鶏肉の生産に挑戦しています。iPS細胞で培養肉を開発するオランダのミータブル（Meatable）は、アフリカ豚コレラの大流行を機に豚肉の培養に取り組み始めました。同社は、数年以内に欧州当局から承認を得て、2025年を目途に販売することを目指してい

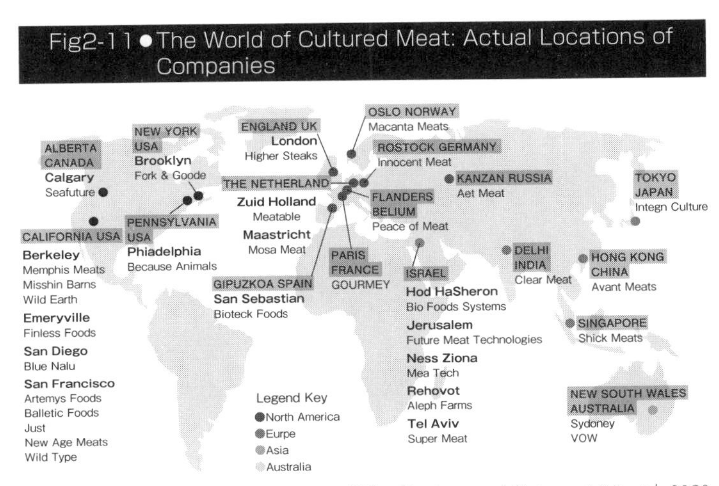

Fig2-11 ● The World of Cultured Meat: Actual Locations of Companies

（出典） Trends in Biotechnology「The Business of Cultured Meat」2020年5月

ます。

また、Matrix Meatsは、Cultured Meat Coと協力して固形の培養肉製品のプロトタイプ開発しており、従来の肉に似た三次元構造の製造に取り組んでいます。

中国では、2019年アフリカ豚熱の流行を受けて、豚肉の供給不足に直面したことから、2020年７月に植物性代替肉や畜産業への海外直接投資を呼び込む方針と発表しました。

New Protein MapやThe World of Cultured Meatをみていただくとわかるとおり、世界中でさまざまなスタートアップが立ち上がっており、食肉だけではなく、魚肉でも培養技術の応用が進んでいます（Fig2-11参照）。米フィンレス・フーズはク

Fig2-12●The Business of Cultured Meat: Trends in Biotechnology

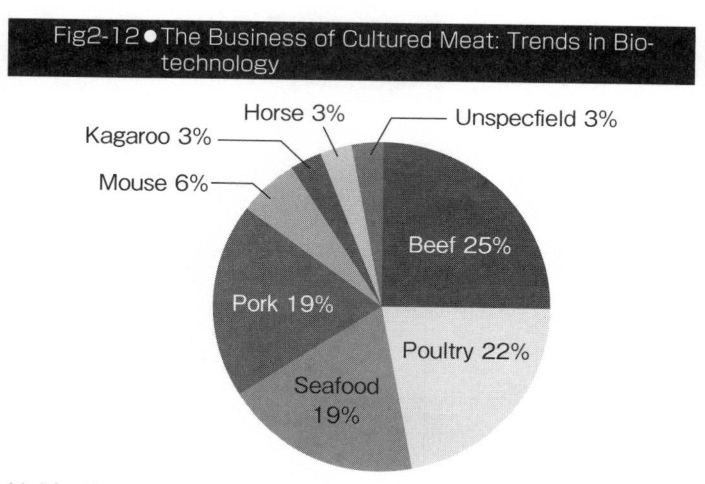

（出典） Trends in Biotechnology「The Business of Cultured Meat」2020年５月

ロマグロ、米ワイルドタイプはサケ、シンガポールのショーク・ミーツはエビの培養に取り組んでいます。

培養の主な対象は、牛肉、鶏肉がそれぞれ約４分の１を占めており、次いで魚肉、豚肉となっています。なかには、マウスやカンガルー、馬などの培養に取り組んでいる企業や研究機関もあります（Fig2-12参照）。

細胞農業スタートアップの多くが数年以内での事業化を目指しており、今後数年以内に市場の大きな活発化が見込まれています。

■■ 培養肉における国内の企業動向

日本ではバイオベンチャーであるインテグリカルチャーが培養肉の開発に取り組んでおり、2020年には累計11億円を調達しています。インテグリカルチャーは、単に肉を培養する技術を開発するのではなく、細胞を大規模に培養肉にする「汎用大規模細胞培養技術」の開発に取り組んでいます。

大量生産を可能とする独自のバイオリアクターにより培養肉の生産コスト化を低減化することで、2022年に培養フォアグラ、2025年に培養ステーキ肉の販売を目指しています。

さらに、2020年７月、インテグリカルチャーとシンガポールのショーク・ミーツは、細胞培養技術でつくるエビの生産拡大に向けて技術提携を開始しています。

日本では2019年３月に東京大学と日清食品ホールディングス（HD）が、世界で初めて筋細胞の集合体を積層し、サルコメア構造を持つ、細長い筋組織の作製に成功したことを発表しました。再生医療の技術を応用することにより、脂肪細胞と筋細胞を作製することにより、味を本物に近づけることが可能となるとのことです。今後、脂肪なども含む本物により近い肉を目指しています。

2019年７月には、食肉国内最大手の日本ハムも細胞培養技術を使った食肉の開発を進めているインテグリカルチャーと共同で、動物細胞の大量培養による食品生産に向けた、基盤技術開発を開始しました。

■■投資家からの注目

まだ黎明期の培養肉ですが、世界の食肉業界に大きな変革をもたらす可能性に、投資家や食品会社の関心が集まっています。

培養肉に取り組む主な32社の公開されている資金調達データをみると、資金調達額が巨額になってきていることがわかります。また、現在は培養肉への投資が大きくなっていますが、次に培養魚肉が注目されていることが読み取れます。

具体的には、世界最大の穀物会社であるカーギルや米国食肉最大手であるタイソン・フーズやソフトバンクグループは、培養肉のスタートアップであるメンフィス・ミーツ（Memphis Meats）に投資しています。同社にはビル・ゲイツ氏やリチャード・ブランソン氏も著名投資家とともに1,700万ドルを出資しています。メンフィス・ミーツは、これらの企業や投資家から、2020年１月には資金１億6,100万ドルを調達しています。

Fig2-13 ● Growth of the CM Industry

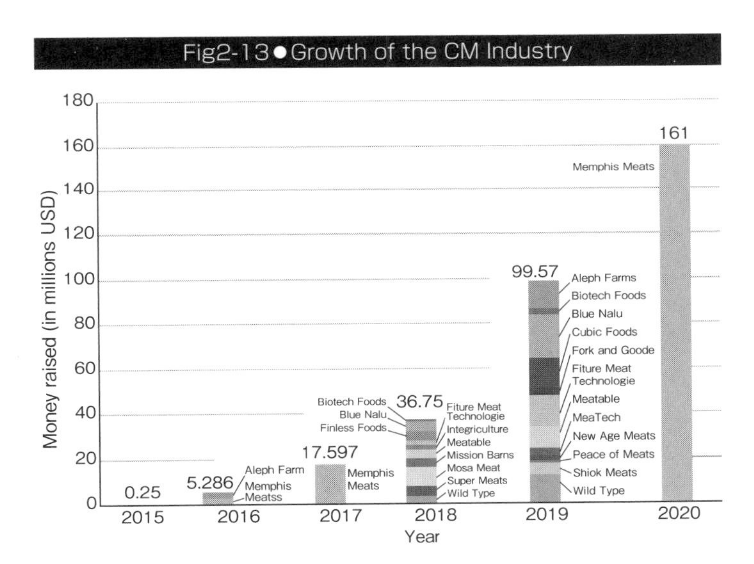

Total money raised for CM over the years. Publicly available funding data for CM companies. These figures do not include companies with undisclosed dollar amounts raised or dedicated to CM applications (e.g., JUST and Wild Earth). Companies with b100 000 USD total funding were excluded.

(出典) Trends in Biotechnology, May 2020, The Business of Cultured Meat

また、ドイツの製薬大手メルクとスイスの食肉大手ベル・フード・グループは、培養肉の開発に取り組むオランダのモサ・ミート（Mosa Meat）に880万ドルの投資を行っています。

モサ・ミートは、シリーズBラウンドでは、2021年２月に追加調達を行い、ラウンド総額8,500万ドルを調達しています。出資には、Blue Horizon Ventures、ArcTern Ventures、Rubio Impact Venturersなどのベンチャーキャピタルだけではなく、2020年12月より三菱商事も参加しています。

三菱商事は、モサ・ミートだけではなく、イスラエルの培養肉スタートアップ企業であるアレフ・ファームズ（Aleph Farms）とも培養肉普及に関する基本合意書（MOU）を締結しています。

■■ 培養肉市場への投資状況

2020年の代替タンパク質投資額は、2019年の３倍の31億ドルにものぼります。過去10年の投資額の半分が2020年に集中しており、2020年の１年だけで10年間に集まった調達額の半分を占めている状況です（Fig2-14参照）。

なかでも、培養肉企業への出資は、2020年に2019年の６倍となる３億6,000万ドルにものぼります（Fig2-15参照）。これは、2016〜2020年の４年間に集まった調達額の72％を占めています。

■■ 培養肉の市場規模

米国のコンサルティング会社Ａ・Ｔ・カーニーの調査[12]によると、世界の食肉市場は2040年には１兆8,000億ドルとなり、

12　AT Kearney「How will cultured meat and meat alternatives disrupt the agricultural and food industry?」（2019年）

Fig2-14 ● Annual alternative protein investment backdrop (2010-2020)

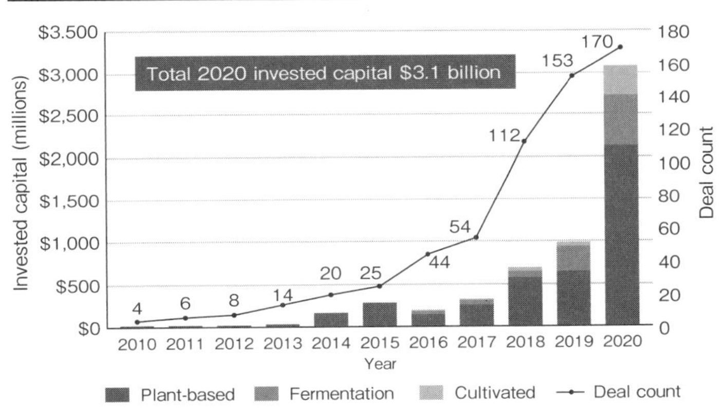

（注） Data has not been reviewed by PitchBook analysts.
（出典） GFI analysis of PitchBook data.

Fig2-15 ● Annual investment in cultivated meat (2016-2020)

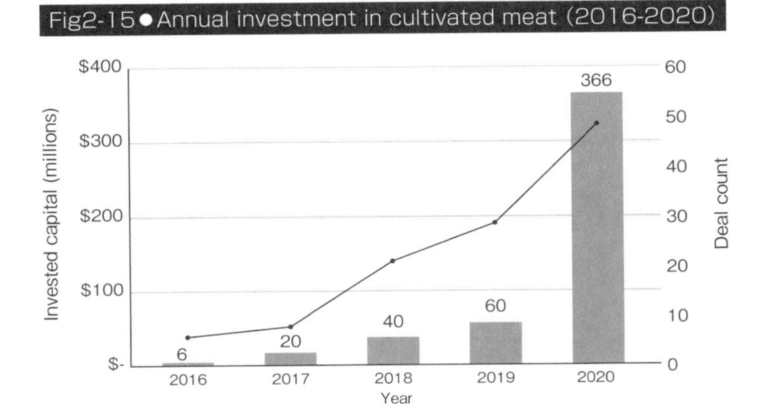

（注） Data has not been reviewed by PitchBook analysts.
（出典） GFI analysis of PitchBook data.

Fig2-16●グローバル食肉市場シェアの予測（2025-2040）

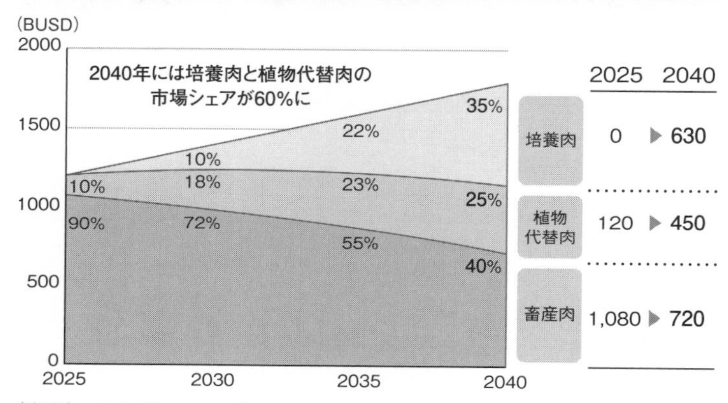

（出典） AT Kearney「How will cultured meat and meat alternatives disrupt the agricultural and food industry?」（2019年）より筆者作成

うち25％を植物代替肉、35％を培養肉が占める見通しとなっています。

すなわち、今後、代替プロテイン市場は世界的に成長していき、20年後には代替プロテインが食肉市場シェアの60％を占めると予想されています。

■■培養肉の法整備状況

米国では、2018年頃から議会、USDA（米国農務省）、FDA（食品医薬品局）において培養肉に関する議論が行われており、米国における培養肉の規制動向は、世界から注目されています。

現在、主な論点として、主たる規制当局はどこなのか、規制対象は何か、肉とは何か、“Lab-Grown meat”という研究室でつくられた肉も消費者に受け入れられるのか、培養肉と従来肉との差異とは何かについて、検討が進められています。

2019年3月にFDAとUSDAが培養肉に関する契約を締結、12月には具体的な動きに向けた「革新的技術の安全な近代化法案」が提出されており、細胞株取得から包装・表示を通しての規制方針を定める方向で動き始めています。

本法案では、FDA-USDA間の棲み分けを明確にしたうえで、細胞農業への対応指針が定義されています。

世界に先駆けて培養肉の販売を許可したシンガポールでは、培養肉をはじめとする新規食品（Novel Food）規制を整備し、市場投入前に製品の安全性評価レビューを実施する体制を整えることにより、市場投入を可能としました。

シンガポール規制当局（Singapore Food Agency）は、2019年より、新規食品（Novel Food）安全性評価を導入し、市場投入

Fig2-17 ● 革新的技術の安全な近代化法案の概要

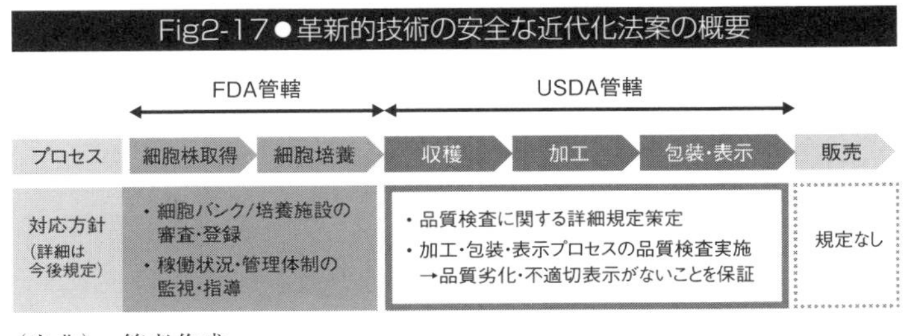

（出典） 筆者作成

前の安全性評価レビューを開始しました。また、2020年には、安全性評価レビュー体制の強化に向け、新規食品（Novel Food）安全性専門家ワーキンググループを組成しています。

新規食品（Novel Food）としての対象は、人間によって相当量が消費されてなかった食品および成分かどうかで、評価事項は、成分の消費期間、成分の使用程度、安全性根拠などです。

培養肉の安全性評価に必要な事項としては、製造プロセスの全容、栄養成分を含む培養肉製品の特性、残留成長因子、細胞株のアイデンティティ、細胞株抽出から製造までの過程、細胞株の改変とリスクとの関連性、培地成分と国際的な食品添加物基準との整合性、残留程度、足場材料の遺伝的安全性等情報などとしています。

シンガポールがフードテックやアグリテック、新規食品（Novel Food）に対して積極的に取り組んでいる理由は、国家目標として掲げている“30 by 30”です。食料自給率を2030年までに30％まで引き上げることを目指しています。

食料自給率が10％程度にとどまるシンガポールは、最新の農業・畜産技術のハブになることを目指しており、製造拠点の誘致にも積極的です。

米国とシンガポールは法整備・研究開発面で世界をリードしており、今後、培養肉市場を席捲していくと見込まれています。

培養肉の市場化に向けた課題

培養肉の市場化に向けては、現在、主に市場面、普及面、調達面の３つの課題があります。

(1) 市 場 面

市場面に関しては、①国内外における販売ルールが未整備であること、②知財保護に関する課題があげられます。

前者は、既存の法規では培養細胞由来食品の製造に使用される添加物に対する扱い・表示などの基準が不明確であること、培養方法や安全性に関する国際ルールがないため、劣悪品やブランド肉の模倣品が出回り健全な市場を妨げるおそれがあるこ

Fig2-18 ● 培養肉の市場化に向けた課題

市場面	国内外における販売ルールの未整備	・既存の法規では培養細胞由来食品の製造に使用される添加物に対する扱い・表示などの**基準が不明確**である ・培養方法や安全性に関する国際ルールがないため、**劣悪品やブランド肉の模倣品が出回り健全な市場を妨げるおそれ**がある
	知財保護	・培養源となる細胞（タネ細胞）に関する知財の保護環境が整っていないため**和牛などのブランド力を低減させるおそれ**がある ・従来の畜産業界プレイヤーによる適切な理解を促す必要性がある
普及面	販売価格の低減	・大量生産技術が未発達であるうえ、培養液コストが高く、**価格低減がむずかしい**
	消費者の受容環境形成	・安全性や普及面において**消費者の受容環境が整っていない**
調達面	持続可能なアミノ酸調達	・培養に不可欠な**アミノ酸の調達において、国際的な供給不足が予測される穀物に頼らざるをえない**状態にある
	エネルギー源の調達	・培養を行う際のエネルギー源の調達に今後課題がある可能性がある

（出典） 筆者作成

とが考えられます。

後者は、培養源となる細胞に関する知財の保護環境が整っていないため和牛等のブランド力を低減させる懸念があること、従来の畜産業界に対して適切な理解を促す必要性が考えられます。

(2) 普 及 面

普及面に関しては、①販売価格の低減、②消費者の受容環境形成に関する課題があげられます。

前者は、大量生産技術が未発達であるうえ培養液コストが高く、価格低減がむずかしいこと、後者は、安全性や普及面において消費者の受容環境が整っていないことが考えられます。

(3) 調 達 面

日本の場合、調達面に関しては、①持続可能なアミノ酸調達、②エネルギー源の調達に関する課題があげられます。

前者は、培養に不可欠なアミノ酸の調達において、国際的な供給不足が予測される穀物に頼らざるをえない状態にあるため、100%国産で生産できないこと、後者も同様、培養を行う際のエネルギー源の調達には、再生可能エネルギー以外は海外に依存しているため、同様の課題があります。

■■消費者の受容形成

培養肉の市販化を目指し、各企業および研究機関は量産化による生産コストの低減化に躍起になっていますが、消費者が受け入れてくれるかどうかも、大きなカギを握っています。

規模の経済で低価格化が進むと同時に、培養肉に対する消費者の心理的な抵抗感を和らげることができれば、市場として成立します。数年以内に100グラム当り数千円での販売を目指しており、シャーレで培養された食肉が家庭の食卓に並ぶ日はそう遠くありません。

一方、培養肉の管理や規制、培養技術の監視方法については、研究開発が進む米国でも検討段階です。

このような段階であっても、培養肉が世界中の投資家だけでなく、大手食品会社からも注目されているのは、現在の食肉生産システムでは、2050年の世界人口90億人の食肉需要をまかなうだけの供給力を確保できないことが大きな要因です。

また、培養技術を使えば、理論的には牛の筋肉細胞数個から1万t以上の牛肉が生成できるそうです。環境負荷の小さい培養肉が次世代の食材となる可能性は、小さくありません。

しかも、培養肉は病原体の感染・発症リスクがなく、製品化までの工程を完全にデータで管理、制御できます。いつ、どこの工場でどのように製造されたのかといった完全なトレーサビリティ（履歴の管理）が実現可能となります。

加えて、完全なトレーザビリティが実現可能となるだけではなく、製造を工業製品のようにコントロールできるため、世界規模で需給の最適化が可能となり、現在生産した食料の30％が廃棄されている世界的な食品ロスの低減にもつながります。

日本の場合、日清食品ホールディングスと弘前大学の研究グループが2019年11月に公表した「培養肉に関する大規模意識調査」の結果によると、「培養肉は世界の食糧危機を解決する可能性がある」と答えた人が55％と過半数を占める半面、「培養肉を試しに食べてみたい」との回答は27％と３割にも満たなかったそうです。ただ、培養肉が環境負荷の軽減や食糧危機の解決、動物愛護に貢献する可能性があることを情報提供した後では、「培養肉を試しに食べてみたい」とする人は50％まで増えています。

2020年12月に日本細胞農業協会が全国男女1,000人の消費者を対象に実施した「細胞農業・培養肉に関する意識調査」によると、培養肉の認知度は約４割と高く、「味がおいしいこと」や「食料危機を回避できること」に対しての期待が大きい結果

Fig2-19●培養肉の認知度

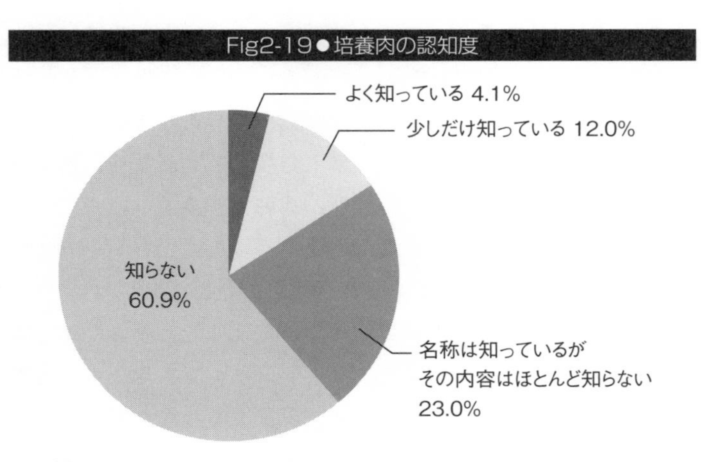

（調査概要） 2020年12月実施、調査対象1,000人、インターネット調査
（出典） 特定非営利活動法人日本細胞農業協会

Fig2-20 ● 培養肉について気になること

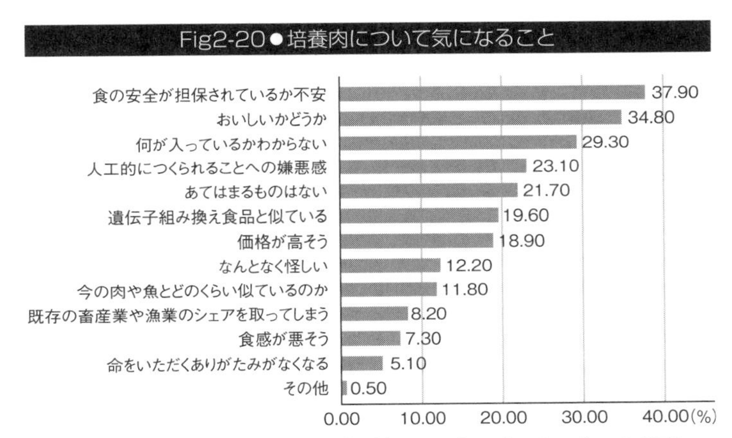

(調査概要) 2020年12月実施、調査対象1,000人、インターネット調査
(出典) 特定非営利活動法人日本細胞農業協会

Fig2-21 ● 培養肉100g当りに支払う購入金額

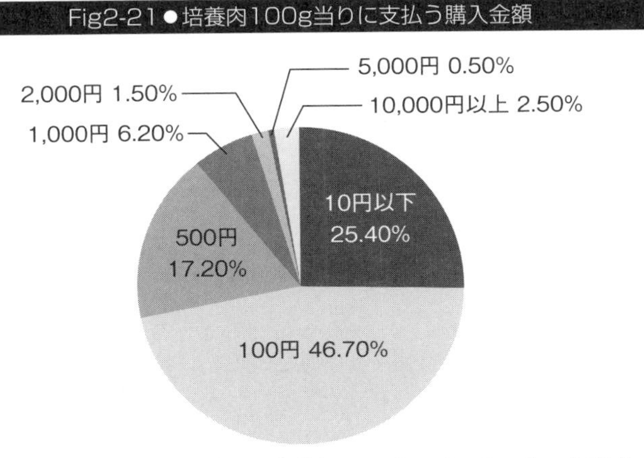

(調査概要) 2020年12月実施、調査対象1,000人、インターネット調査
(出典) 特定非営利活動法人日本細胞農業協会

となっている半面、「食の安全性が担保されているか不安」や「おいしいかどうか」についての懸念が高い結果となっています（Fig2-20参照）。

一方、約３割が市販の食肉より高い金額を出してでも培養肉を試してみたいと考えている結果となっています（Fig2-21参照）。

培養肉が新たな食材として市民権を得るためには、食肉生産プロセスの見直しだけではなく、「試しに食べる」から「習慣的に食べる」に消費者の意識が変わるように、さまざまなかたちの情報提供・普及活動が求められます。

そのためにも、培養肉の製造プロセスや安全評価に関する情報の透明性が重要であり、新規食品（Novel Food）としての安全性評価の仕組みを早急に整える必要があると思います。

代替プロテイン市場は成長途中であり、栄養価や価格、トレーサビリティの確保など、従来の食肉とは違う付加価値を生み出す工夫が必要です。また、味やテクスチャー、香りは再現できてきていますが、量産化の課題が残っています。市場投入、消費者の受容形成のためには、量産化へ向けた技術開発が必須です。

世界的なタンパク質供給の逼迫、環境面や安全性、健康志向を背景に、新しい食肉生産方法が急速に市場へ浸透していっています。食肉業界のゲームチェンジは、すでに始まっています。

ただ一方では、既存の漁師や畜産農家を守ることも忘れてはいけません。日本のおいしい食材やブランド、食文化といったものの価値をどう担保していくのか。提供する細胞を知的財産として保護する法整備も、国際レベルで必要となるでしょう。

さらには新たな市場形成に向けて、消費者の需要を高めるための安全性の可視化、抵抗感を払拭する施策など、さまざまな準備とルールづくりを急がなければなりません。

そのためには、生産者や事業者、研究機関、官公庁、自治体など、複雑に利害が絡む関係者と連携し、国内外の政策動向や開発事情にも目を配りながら、望ましいルール形成や市場形成がなせるよう調整や提言を行う仲介者、カタリスト（触媒）の存在が不可欠です。

農作物の高速ピンポイント改良時代

■■ゲノム編集技術

Chapter 1で述べたとおり、近年、ゲノム編集技術が急速に進展したことにより、容易にゲノム改変が可能となりました。同時にあらゆる生物の全ゲノム解析も進んだことより、ねらった遺伝子をピンポイントで効率的に改良できるようになりました。

特に、2012年に遺伝子を正確に編集できる革命的テクノロジーといわれるCRISPR-Cas9が発明され、特殊な技術がなくても全遺伝情報（ゲノム）を効率よく自在に操作できるようになってから劇的に変わりました。

画期的な技術CRISPR-Cas9を生み出した、米国カリフォルニア大学バークレー校のジェニファー・ダウドナ教授とドイツ・マックスプランク研究所のエマニュエル・シャルパンティエ教授は、2020年のノーベル化学賞を受賞しています。

食料システムの環境負荷低減を図るための解決の糸口は、バイオテクノロジーの活用にあります。ゲノム編集技術を用いた農作物の栽培や魚介類の養殖などは実際にもう開発が進んでいます。

従来の農林水産物の品種改良は、交配を繰り返し偶然現れた優良品種を選抜して育てる作業を繰り返すため長い年月が必要でしたが、ゲノム編集技術により数十年を１年に短縮できる可能性があります。

遺伝子を自在に操作できる「ゲノム編集」技術は、穀物や野菜、魚などの農水産物を改良する技術としても世界的に関心が高まっています。

その主な理由として、気候変動や新興国の経済発展、世界的な人口増加による食料価格の高騰があげられます。気候変動に関する政府間パネル（IPCC）が2019年８月にまとめた特別報告書では、気候変動の影響により2050年に穀物価格が最大23％上昇するおそれがあると報告されました。FAOは、2019年12月に世界の食料価格がバイオ燃料使用の増加と中国での需要増加による食肉価格上昇により２年ぶりに高水準となったと発表しました。

環境負荷低減および新興国の経済発展により世界で高まる食料需要への対応策として、品種改良、遺伝子組換え（害虫抵抗性や耐病性、長期保存性等）、培養などの研究開発が進められています。

ゲノム編集技術の活用で、従来の品種改良よりも高収量や高栄養、気候変動に強い農水産物を短期間で栽培可能となったことにより、世界の食料問題への解決策として期待されています。害虫抵抗性農作物の栽培により、20年間で化学農薬使用量は37％減少し、病害を予防することができれば世界飢餓人口約８億人分の食物の確保につながるとされています[13]。

また、リコピン、カロテンなどの機能性成分を多く含む野菜の需要も拡大しています。その解決策として期待されているのが、ゲノム編集技術です。ねらった遺伝子をピンポイントで効率的に改良できるようになり、高収量や高栄養、気候変動に強い農水産物を従来技術と比べて短期間で開発できるようになりました。

世界の大手種子会社が活用に乗り出しており、バイオ農業の推進に向けてバイオインフォマティクスや農業IT系企業との提携や買収を積極的に実施しています。

米コルテバ・アグリサイエンス（元ダウ・デュポン）は多収量のトウモロコシを開発し、ドイツのバイエル（旧モンサン

13　経済産業省「第８回産業構造審議会商務流通情報分科会バイオ小委員会」資料３

ト）も大豆やコムギなどで研究を急いでいます。新興企業の取組みも盛んで、米国のバイオベンチャーのカリクストは高オレイン酸ダイズを栽培し、それから採取した大豆油を2019年２月に発売しています。

日本でも、京都大学で肉厚なマダイやトラフグ、筑波大学で血圧を下げる成分「GABA」が通常の数倍のトマト、農業・食品産業技術総合研究機構で超多収量イネなどの開発が進められています。

2030年にかけ、ゲノム編集を中心に食品分野へのバイオテクノロジー活用が急激に浸透します。食のヘルスケア領域（プロバイオティクス、プレバイオティクス）も拡大が見込まれ、グローバル市場規模は、2020年の約６兆円から2030年には約190

Fig2-22●食品分野におけるバイオテクノロジーの世界市場動向

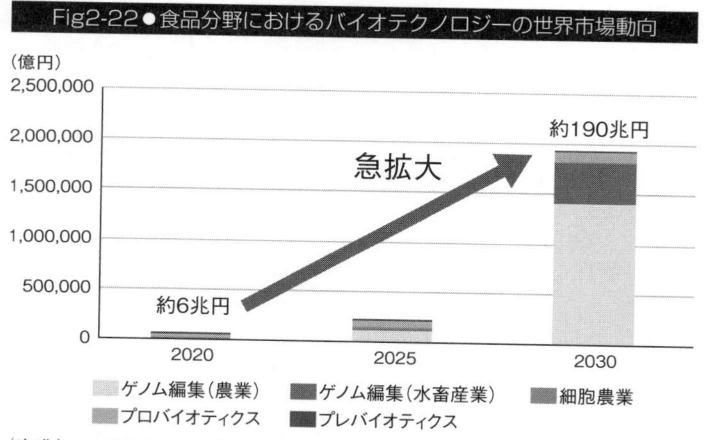

（出典） ARK Invest「CRISPR GENOME-EDITING MARKET OPPORTUNITY AND KEY PLAYERS」をもとに筆者作成

兆円にまで拡大が見込まれています（Fig2-22参照）。

■■ 肉厚なマダイ

京都大学農学研究科では、筋肉の発達を抑制する遺伝子を壊すことにより、従来よりも肉厚なマダイを開発しました。これは、マダイのミオスタチン遺伝子をゲノム編集で変異させています。

具体的には、筋肉細胞の増加や成長を止める役割を果たしているミオスタチンという物質の遺伝子の働きを止めるよう、「ゲノム編集」でミオスタチン遺伝子の機能を欠損させること

Fig2-23 ● 肉厚なマダイ

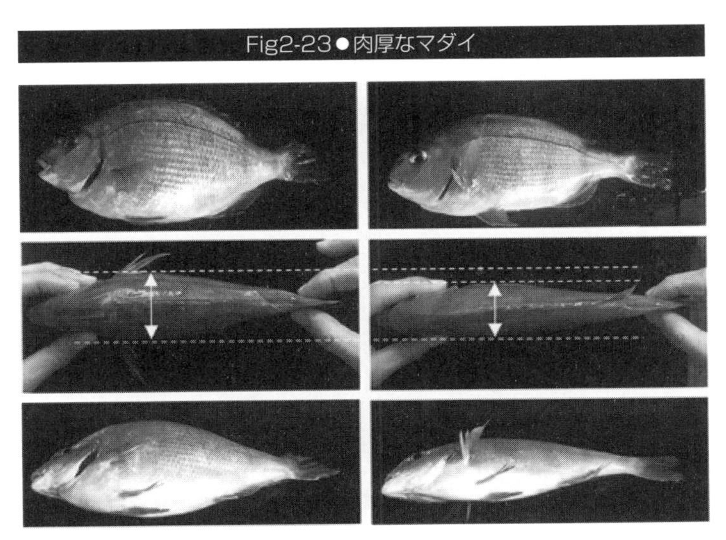

（出典） 京都大学／近畿大学

で、通常の約1.2倍肉厚にしています。

CRISPR-Cas9を活用すれば、ねらったDNAを確実に切断することが可能です。これまでの品種改良は、放射線や化学薬品を使うことで突然変異が起こる確率を高めていましたが、確実性に欠けていました。

CRISPR-Cas9を活用すれば、受精卵に「ゲノム編集液」を注射することで、確実にねらったDNAを切断可能となります。

前述のとおり、タンパク質需要の高まりと水産資源管理、世界的な漁獲量減少により、世界的に養殖が増えています。FAOの「Fishstat（Capture Production、Aquaculture Production）」によると、2016年の世界養殖割合は54％にのぼっています。

肉厚なマダイは、世界のタンパク質危機と水産資源の枯渇に対して大きく貢献する可能性があります。

■■高成長トラフグ

京都大学発の養殖技術スタートアップであるリージョナルフィッシュが、2021年９月にゲノム編集動物食品の第１号となる「可食部増量マダイ」、続いて11月に第２号となる「高成長トラフグ」を届け出ました。通常より２倍の早さで成長するトラフグです。

養殖において魚の成長を早めることは、出荷までの期間を短縮化させるだけではなく、飼料利用効率を高め、魚病や災害などによる死亡リスクを低減化させることにもつながるため非常に重要です。

リージョナルフィッシュは、世界のタンパク質危機の解決および養殖の生産効率の向上を図るため、革新的なバイオテクノロジーであるゲノム編集技術CRISPR-Cas9を活用することにより、魚の品種改良に取り組むことで高付加価値化を図り、日本の水産業を儲かる産業に変えていくことを目指しています。

いままでは、サプライチェーンの効率化、フードロスなどに関心が集まっていましたが、これからは、ゼロカーボンや環境負荷が低い生産方法が注視されています。それにより、農業の生産方法を大きく変える必要があります。

これはつまり、生産方法における技術革新です。これにより、増大する世界の食肉需要や減少する海洋資源に対して有効な対策となり、同時に温室効果ガスの排出抑制や、土地利用の軽減、飼料・農薬削減などの効果を生み、環境負荷を減らしていくことにつながります。家畜の飼育が減少すれば、感染症の抑制にもつながります。

■■ 血圧を下げる夢のトマト

CRISPR-Cas9は、農作物にも適用されています。2020年12月、厚生労働省は、日本で初めてゲノム編集技術を使った食品の販売について、届出を受理しました。

ゲノム編集食品の届出第1号は、筑波大学発スタートアップのサナテックシードと筑波大学が共同開発した、“血圧を下げる夢のトマト”でした。このトマトには、血圧の上昇を抑えるアミノ酸の一種「GABA」が通常のトマトに比べて5～6倍豊富に含まれているため、血圧の上昇を抑える効果が期待されています。2022年から一般での流通が予定されています。

この夢のトマトも、CRISPR-Cas9を使って、グルタミン酸脱炭酸酵素遺伝子の一部を破壊することで、GABAの量を増やしています。

■■ゲノム編集食品の普及

このようにゲノム編集技術は、世界的な食料問題の解決や豊かな食生活の実現に向けて有効な技術になりうる可能性があります。また、ゲノム編集食品は、日本の農業や養殖業において、新たな再興への道となる可能性を秘めています。

一方、ゲノム食品の普及のためには、消費者の理解が最も重要となります。どんなに素晴らしい技術でも、需要形成がうまくいかないと、生かされないまま終わってしまいます。

ゲノム編集食品には、主に、①特定の遺伝子を破壊または切断することにより作成した食品、②新たに別の遺伝子を挿入した食品の2種類があります。

前者に関しては、前述のとおり、自然界でも突然変異で起こりうる現象であり、自然界で起きた突然変異と区別がつかないため、厚生労働省は、「遺伝子組換え食品」に求める食品衛生法の安全審査を不要としています。事業者は安全性の情報を届け出るだけとなり、同省のホームページで情報は公開されますが、ゲノム編集食品の表示は必要ありません。

後者に関しては、従来の組換えDNA技術応用食品と同じようなリスク管理が必要とされるものとして、安全性審査が義務づけられています。

世界中の期待を集めるゲノム編集農水産物ですが、広く普及するには消費者の理解が最も重要となります。2019年6月の日本ゲノム編集学会で東京大学が発表した「農作物や家畜へのゲノム編集に関する一般市民の意識調査」によると、「ゲノム編集された農作物を食べたくない」と答えた人は4割でした。遺伝子組換え食品への抵抗感が強いことが原因と考えられます。

たしかに、現在、世界的に普及している品種改良は遺伝子組換えです。日本で許可されているゲノム編集と遺伝子組換えは、改良方法が異なります。

許可されているゲノム編集食品は、改変したい遺伝子を特定し、その一部を切断することで突然変異を発生させるため、新しい遺伝子を外部から挿入するわけではありません。一方、遺伝子組換えは、外部の遺伝子を対象作物に取り入れ、新たな特性を持たせます。

前述のとおり、もともと遺伝子の突然変異は、紫外線や天然物質などの影響により自然界でも発生していましたが、いつどこでどう発生するかわかりませんでした。ゲノム編集を使うと、効率的に突然変異を発生できるようになっただけです。

消費者の受容形成問題を受けて、日本ではゲノム編集で開発した食品の販売や流通に関する届出制度が2019年10月から厚生労働省で始まりましたが、逆に企業が積極参入することがむずかしい状況となっている可能性があります。

ゲノム編集食品の届出は、消費者の不安を取り除くねらいですが、届出も表示も任意で、義務ではないのは、正直に届け出て表示した会社の商品がかえって消費者から敬遠されるおそれがあるためです。

消費者の需要を喚起するには、ゲノム編集食品の安全性の証明と透明性の確保の２つが必須です。ゲノム編集食品に対して透明性が高まり、品種改良に対する消費者の懸念が払拭されれば、自然に受け入れられます。

また、市場導入を促進するためには、透明性の担保だけではなく、健康増進や美容など消費者のメリットをより考える必要があります。

ニューノーマル時代に求められる農林水産業

■■農業から食卓までをスマートに!!

世界が直面している最大の課題の１つである、2050年の世界人口100億人の適切な食料を確保するためには、農業セクターの生産性およびレジリエンスを高める必要があります。

FAOは、化石燃料依存の高い食農分野の温室効果ガス排出量を低減するため、農業から食卓までがより「エネルギー・スマート」となることを提唱しており、持続可能な食料供給を可能とするフードシステムへの関心は世界的に高まっています。

一方、世界の食料生産システムそのものが、気候変動を加速させる要因の１つとなっていることから、気候変動に対応し、安定的な食料生産を確保するためには、持続可能な農業へと転換することが喫緊の課題となっています。農業における気候変動への適応策と緩和策のコベネフィットの最大化に向け、現在の農業生産システムを抜本的に改革することが必須です。

こうした状況のなか、垂直農法やスマートバリューチェーンなど、農業にICT/IoTおよびAIなどのテクノロジーを導入し、“高度な知識集約・情報産業化”への脱皮を図ることで、農業生産力の向上、気候変動対策等に貢献する可能性が開けてきています。

■■ 食のサーキュラーエコノミー

世界資源研究所（WRI）の調査によると、世界の９人に１人は栄養不良に陥っているにもかかわらず、世界で生産される食品の約３分の１（年間13億t）が廃棄されています。これは、経済損失9,400億ドルにのぼり、温室効果ガス排出量は全体の８％に相当しています。

日本のフードロスは、食品ロス量が600万t（2018年）[14]、この

14　農林水産省プレスリリース「食品ロス量（平成30年度推計値）の公表」（2021年４月27日）

うち食品関連事業者から発生する事業系食品ロス量は324万t、家庭から発生する家庭系食品ロス量は276万tにのぼり、微減していますが食品全体の３分の１以上にあたります。

たとえば、コーヒーチェリーのうち、コーヒーに使われるのはわずか0.2％で、残り99.8％は廃棄され、さらに焙煎過程で廃棄が発生し、コーヒーとして消費された後にはコーヒーかすがごみとして廃棄されています。現在の食料生産方法は、完全にリニア型になっています。

エレン・マッカーサー財団は、現在のリニア型食料システムでは、私たちは１ドルを消費するごとに２ドルの社会的・環境的コストを払っていると報告しています。

このような潮流を受け、コーヒーかすから製造するバイオプラスチックや、コーヒーの有機物からつくられた生地でジャケットを製造するなどの商品も登場しており、サーキュラーエコノミー型への切替えが始まっています。

すでに廃棄されるキノコの菌床からバイオレザーを製造する技術が商用化されており、世界有数の高級革ブランドであるエルメス（HERMES）は2021年から2022年秋冬向けの展示会で、きのこを原料にしたバイオレザーを用いたバッグを発表しています。

■■COVID-19による影響

COVID-19が発生する前後において、代替プロテインに対する需要は大きく変わりました。

Fig2-24 ● コロナがもたらした変革

コロナ以前

環境配慮・健康志向により代替肉市場が形成

観点	社会動向
気候変動・災害リスクへの対応	・家畜の育成過程で多量の温室効果ガスが発生 ・気候変動により飼料作物の生産が不足、食肉安定供給に危機感 → 低環境負荷の生産手段として代替肉に注目
健康志向の高まり	・豚コレラなど家畜感染症による健康影響へ懸念 ・食に対する消費者の健康意識が向上、動物肉の摂取を控える層が増加 → 動物由来原料不使用の代替肉に注目
食糧需要の増加	・新興国を中心に、経済成長に伴う人口爆発が発生、世界的に食糧需要が増加し供給安定化が課題に → 新たなタンパク源としての代替肉に注目

コロナ以後

安心・安全への意識が高まり代替肉市場に追い風

観点	社会動向
家畜による感染拡大への懸念	・家畜起点で人に感染する感染症への危機感が増大 → トレーサビリティが高く原料追跡が容易な代替肉に注目
免疫への意識の高まり	・食による感染症への免疫獲得に対する期待向上 → 感染拡大の懸念がなく、機能性食品としての売り出しが可能な代替肉に注目
食糧危機への懸念	・感染症・災害による調達リスクへの懸念が増大、食糧調達の海外依存／一国集中の見直しが課題に → 食肉の国内回帰が可能な代替肉に注目

（出典） 筆者作成

新型コロナの流行により食肉工場の操業が停滞したことを受け、スーパーマーケットから食肉が消えるという前代未聞の事態が起こりました。

これにより、米国での代替プロテイン需要が増加し、COVID-19によりロックダウンが全国的に実施された2020年3月以降、米国の消費者は代替肉などの大豆由来の製品や缶詰肉の消費を倍増させています。Beyond Meat社やImpossible Foods社などの製品を含む代替肉の売上高は、9週間で264％増加となっています。

機械化が可能な代替プロテインは、人手不足の影響を受けにくいため、感染症等によるサプライチェーンの混乱に陥りにくく、安定した食料供給能力を示したことが起因しています。

気候変動対応、健康志向の高まり、食料需要の増加等の観点から代替肉プロテインへの関心が向上してきていたなか、コロナ禍に伴う食料不足や安心・安全への意識の高まりから、それらに対する社会的要請がさらに増加しています（Fig2-24参照）。

■■AgriFood5.0時代の技術Bio FoodTech

培養肉が市場化されれば、従来の食肉生産に不可欠であった広大な土地、大量の水、飼料などの資源が不要となり、感染症を予防するために投与されていた抗生物質が不要となります。

家畜への抗生物質の多用により耐性菌が出現しており、抗生物質の効かない伝染病が広がる危険性が指摘されています。無菌状態の工場で製造される培養肉は、クリーンミートとも呼ばれており、バクテリアなどの付着リスクも低いとされています。

また、家畜の消化管内発酵やふん尿からの温室効果ガス排出量や排せつ物による水質汚染など環境負荷の低減につながるだけではなく、動物に由来する感染症の発生を防ぐことができます。

日本が取り組むべき意義

■■ 持続可能な食料生産システムへの転換

2018年、FAOは、「世界の食料安全保障と栄養の現状」報告書において、気候変動が食料生産システムに対して及ぼす影響を報告し、安全で質の高い食料をすべての人に提供できるようにするため、持続可能な食料生産システムへの転換が必要だと警告しています。

さらに、2019年８月、国連の気候変動に関する政府間パネル（IPCC）は、気候変動の影響により2050年に穀物価格が最大23％上昇するおそれがあると警告する特別報告書を公表しました。極端な気象現象が発生する頻度が増えており、気候変動が農業の収益率低下を招き、世界的な食料の安定供給に影響を及ぼすと報告されています。

このような状況を踏まえ、欧米では、食料問題の解決および気候変動対策の１つとして、垂直農法やフェイクフード、遺伝子組換え、バイオテクノロジーの活用、細胞農業など、適切な適応策・緩和策を講じることが重要な政策課題となっており、農業が環境に与える負の影響を緩和するとともに、農業が環境にもたらす便益を維持するため、さまざまな農業環境政策に取り組んでいます。

米国では、2020年２月に「農業イノベーションアジェンダ」を策定し、2050年までに農業生産量40％増加と環境フットプリント半減を目指しています。

■■EUの新戦略“Farm to Fork Strategy”

2020年５月に欧州委員会が公表した「Farm to Fork Strategy - for a fair, healthy and environmentally-friendly food system」において、供給安定性・環境負荷削減観点から代替プロテイン（Alternative Protein）の重要性が明示されました。

日本語でいえば「農場から食卓まで戦略」。生産から消費に至るフード・サプライチェーン全体を、より公平で健康的で環境に優しいものに移行するための方策です。

EUの新戦略“Farm to Fork Strategy”では、代替タンパク質の生産技術に関して、タンパク源の多様化による食糧供給の安定性向上、畜産による環境負荷の削減効果を重視し、持続可能な食糧生産における重要技術と位置づけています。

また、植物、藻類、昆虫等の代替タンパク質分野の研究開発を位置づけ、これらの新興技術を重要視しており、ERDF、The InvestEU Fundなど公的機関を中心に、代替タンパク質を含む食糧供給安定化に資する技術への投資を加速させています。

機関投資家の間でも、ESG投資の評価基準（特に、環境へのインパクト）の研究が始まっています。さらには、機関投資家の間でも関心が高まっており、2020年からSASB（米国サステナビリティ会計基準審議会）でも、代替タンパク質に関する研究プロジェクトが開始しています。

■■日本の「みどりの食料システム戦略」

EUの“Farm to Fork Strategy”を受けて、日本でも2021年5月に農林水産省が「みどりの食料システム戦略」を発表し、食料の調達、生産、加工・流通、消費の各段階で持続可能性を高められるよう、イノベーションを推進する方針を示しました。要するに、フード・サプライチェーン全体で環境負荷を減らしましょうということです。

2050年までに農林水産業のCO_2ゼロエミッション化の実現を目指しています。

■■2021年食料システムサミットの初開催

2021年９月23日～24日に、持続可能な食料システムについて議論する「国連食料システムサミット」が初開催されました。環境負荷を軽減した持続可能な食料の生産、食料安全保障の強化、食品ロスの削減、環境と調和した農業の推進、新型コロナウイルスの影響を受けた食料サプライチェーンの強靱化などをテーマに、各国首脳が議論を展開しました。

地球環境は、人類が生存できる安全な活動領域を維持するのに限界点を迎えています。多くの国が現状の食生活改善や、地球環境問題の深刻化に対応した食生活指針の見直しを求められています。

同サミットで取り上げられた“プラネタリーヘルスダイエット”は、世界人口が2050年までに100億人まで伸びることが予想されるなか、環境に配慮した持続可能な食糧システムの構築を目指した世界初のガイドラインです。

■■食料安全保障

日本が細胞農業に取り組むべき意義は、気候変動や環境負荷だけではありません。食料自給率が約38％、飼料自給率が約25％[15]の日本にとって、細胞農業は将来の食料安全保障として取り組むべき新たな生産方法です。

日本の農業由来の温室効果ガス排出量は、全排出量のわずか3.9％[16]ですが、これにはカラクリがあります。日本は中国に

15　農林水産省「令和２年食料自給率・食料自給力指標」
16　農林水産省「みどりの食料システム戦略」（2021年５月）

次いで世界第２位の農産物純輸入国、農産物輸入額では第６位となっています[17]。さらには、日本は食料生産に不可欠なリン酸、塩化カリウム資材、尿素等の資材はほぼ輸入に依存しています。

つまり、日本は、自国の需要をまかなうのに必要な食料を海外の資源（水、土地、肥料など）に依存しています。

東京大学生産技術研究所 沖研究室の試算によると、バーチャルウォーター（食料輸入国において、輸入食料を生産するとした場合に必要となる水の量）は、１kgのトウモロコシを生産するには1,800ℓの水、牛肉１kgを生産するにはその２万倍もの水が必要とされます[18]。

海外での水不足や水質汚濁等の水問題は、日本と無関係ではなく、われわれの食料安全保障においても重要な課題です。

持続可能な食料システムに対して、消費者の注目や危機感も増大しています。これは、フードチェーンのグローバル化による流通の不透明化、食料生産における環境負荷の増大、食料生産システムの脆弱性の露呈、労働搾取など、昨今の世界における食料・農林水産業をめぐる状況が消費者の不信・不安を拡大させています。

消費者は価格・形状・色などの目にみえる価値だけではなく、食品安全、環境保全、人権保護などのみえない価値に対しても重要視するようになってきました。

17　農林水産省「海外食料需給レポート2016」
18　環境省ホームページ「virtual water」

2019年に世界16カ国37人の研究者からなるグループが、科学的根拠に基づき、食事と食料システムのあるべきかたちと解決方法を提示した「The Planetary Health Diet」[19]というガイドラインを発表しました。同ガイドラインでは、食生活と生産・流通システムの大幅変革を推奨しており、肉、魚、卵の削減、砂糖や精製穀物・でんぷんを大幅に削減した食生活を具体的な食事内容や数値目標で提示しています。これにより、2050年までに100億人を養うことができるとし、世界規模で、持続可能な生産・流通システムへのシステム変換を求めています。

持続可能な食料供給を可能とするフードシステムへの関心は世界的に高まっており、代替タンパク質に対するさまざまな技術的が注目されています。

一方、日本はフードバリューチェーンが整備されており、安心・安全な食料が安価で手軽に手に入るため、食料安全保障に対してはあまり注目されてきませんでした。しかし、日本は世界第６位の農産物輸入国（金額ベース）であり、家畜の輸入飼料依存度は８割弱にのぼります[20]。食料・食肉の国際価格の変動は、日本の食料安全保障にとって大きな不安材料となります。

地球温暖化に伴い、今後予想される穀物価格高騰に対応し、日本の食料生産システムを維持していくためには、害虫抵抗性や耐病性、長期保存性などの品種改良、フェイクフード、土地

19　2019, Food in the Anthropocene: the EAT-Lancet Commission on healthy diets from sustainable food systems
20　農林水産省「我が国の農産物輸入等の動向」（2016年）

や資源に依存しない細胞農業などに対して早急に取り組む必要があります。

2019年6月、日本では11年ぶりに「バイオ戦略2019」が公表され、“多様化するニーズを満たす持続的な一次生産が行われる社会”の実現が設定されました。

今後、日本において持続可能な食料生産システムへの転換を急速に進展させるためには、新しい食料生産方法を受け入れる消費者受容を醸成し、新たな食文化の構築が必須です。

ルール形成の重要性

昨今、世界で大きなうねりになっている農と食のテクノロジー革命。技術革新が急速に進んでいるだけではありません。業界を変える大きな原動力になりつつあるのが、技術の大衆化です。かつて大型コンピュータからパソコンへ、専用回線からインターネットへと、ITで起きた動きが、この分野でも起きようしています。

バイオテクノロジーは、もはや大学や研究所だけで実験するものではなくなり、家庭で気軽にできるようになってきました。DIY（Do It Yourself）とバイオテクノロジーが融合した「DIYバイオ」です。「DIYバイオ」の世界が到来し、欧米を中心に趣味の１つとして急速に広まっています。

最初の公式DIYバイオスペースは2010年に米国とカナダに開設され、欧州、オセアニア、アジア、中南米、日本などに拡大しています。

このほか、人工の卵黄や卵白、暗闇で光るビールなど、さまざまな研究が台所や自室で行われています。

IT同様、バイオテクノロジーも一般市民が参加することで新しい潮流ができようとしています。食農分野で技術がオープン化され、異なる知識や経験を持つ人が議論しながら研究可能となることで、新たなイノベーションの創出が期待されています。

一方、DIYバイオは法整備にグレーゾーンの部分が残っているため、安全性の担保と規制の問題は引き続き検討事項となっています。他の分野と同様、法整備は技術の後追いとなっているのが現状です。

このまま法整備が後手に回り、DIYバイオで生産された食肉が先に普及してしまうと、何か事故が発生した場合、日本における細胞農業の芽が摘み取られてしまう可能性があります。市場展開においてシンガポールに先を越されましたが、日本における培養肉の市場形成に向けて、いち早いルール形成が最重要事項となっています。

また、既存畜産農家、和牛ブランドの維持・継承のためにも、グローバルルールが形成されて日本の畜産農家にとって不利なルールによって知財保護がなされなくなる前に、和牛の知財を保護するためにルールを形成する必要があります。

日本企業は、関連規制や規格が整備されることを待つのではなく、日本の技術が世界の戦略のなかで適用されるよう、日本主導で国際的なルールを形成し、規制・規格を整備していく必要があります。また、技術だけではなく、制度構築もあわせてロードマップを検討する必要があります。

日本は、官民ともに技術開発に注力しがちですが、いくら日本の技術が優れていても、グローバルルールに当てはまらなければ普及させることはできません。これまで日本は、欧米が作成したルールについていくことに精一杯の状況でした。しかし、バイオ分野には、ゲノム編集技術など、まだルール形成途上となっている部分が残っています。

日本も細胞農業の実現を経済成長戦略の1つとして位置づけ、オープンな市場とコミュニティを形成することにより、これまでにない新たなイノベーションを加速させることができれば、グローバルルール形成に介入し、国益の水準まで転化することが可能となるのではないでしょうか。

持続可能な食料システム構築に向けて

世界で家畜に頼らない肉を食べる文化が始まっています。しかし、新規食品（Novel Food）による新しい食文化の形成は、時間が解決するものではなく、産官学消費者で連携して、これからつくりあげるものだと思います。

日本でも、2020年４月に農林水産省が、将来的なタンパク質の供給の多様化について議論する場として「フードテック研究会」を設立しました。

気候変動や資源枯渇、土地利用や人口構成の変動等、社会・自然の環境変化に対応し、安定的・持続的な食料生産を実現する、既存の畜水産の単なる効率化にとどまらないような、革新的な技術の確立が求められています。

環境負荷低減に寄与するとして注目される代替タンパク質の市場規模は、2030年頃に世界で2,800億ドル、日本で350億円に拡大するとされています。世界では、環境面や健康面、安全性よりEUの市場シェアが最大となっており、北米、中国が牽引しています。

2050年には、食卓にフェイクミートや培養肉が並ぶのが普通となっているかもしれません。気候変動や食料供給における直近の適応策・緩和策として、「Bio FoodTech」が世界の食料問題と気候変動問題の解決に寄与し、食農分野において新たなビジネスチャンスをもたらすことが期待されています。

従来の食料生産方法、漁業方法などの食料システムは限界を迎えており、資源管理や環境負荷低減、価格マネジメントも含めた抜本的な改革を必要とする転換期を迎えています。いかにして環境負荷を最低限に抑えながら、持続可能なフード・サプライチェーンを再構築できるか、これは日本においても喫緊の課題です。

企業だけではなく、消費者も自分たちの豊かな生活は、海外の自然資本・社会・人的資本に依存し、毀損していることを認識し、自分たちの豊かな生活を維持するためには、サステナブルな社会への転換が必須であることを理解する必要があります。

サステナビリティ経営への転換のためには、“マーケット”が必要となるため、消費者がサステナブルな商品・サービス・企業を選ぶ行動変容が不可欠です。

企業だけではなく消費者も、商品やサービスの価格だけではなく、自分たちの行動がサステナビリティなのか、社会課題解決につながっているのかを意識して行動することが求められる時代になっています。

Chapter 3
バイオが変える工業

工業分野におけるBioTechの可能性

■■気候変動リスクの高まり

近年、グローバルリスクとして環境リスク、特に気候変動問題への懸念が高まっています。世界的な人口増加・経済成長に伴い、資源・エネルギー・食料需要の増大、廃棄物量の増加、温暖化・海洋プラスチックをはじめとする環境問題の深刻化はティッピングポイントを迎えつつあり、大量生産・大量消費・大量廃棄型の線形経済モデルは、世界経済全体として早晩立ち行かなくなります。

毎年ダボス会議で公表されるグローバルリスクでは、年々「環境リスク」が上位を占め、2020年には上位を独占しています。「環境リスク」は他のリスクと位置づけが異なり、現状の経済活動継続が将来に致命的な悪影響を与え、状況悪化後の修復対応がきわめて困難です。

サステナビリティの潮流は急速に進展しており、特に環境面の持続可能性、なかでも気候変動問題は喫緊の対応が求められる分野として注目されています。各国には環境保護と経済成長の両立というむずかしい舵取りが求められ、その対応は産業界にも大きく影響を与えます。

気候変動はすべてのステークホルダーや国が協力しないと対

策効果が限定的になるため、持続可能な社会を確保するには国際的に協調しながら喫緊の対応が求められる分野です。

各国・地域のスタンスの違いが将来の事業環境の不確実性を高める要因となる一方で、EUによる厳格な環境規制の適用は、投資家行動の変化も踏まえれば、結果として企業にサステナビリティを考慮したビジネスモデルへの転換を迫る可能性があります。

気候変動対策は、今後の企業経営にとっても、きわめて重要な意味を持つようになっています。気候変動対策を無視したり、対応が遅延したりするなど、一歩舵取りを誤れば、競争力の減退につながり、企業の存続が危ぶまれるリスクとなっています。

この状況を踏まえ、世界最大の資産運用会社である米ブラックロックのCEOは、2020年初めの顧客・投資先企業向けの書簡において、「気候変動リスクがもたらす投資リスクがより重要なテーマである」と言及しています。

気候変動対策は、企業経営のなかに適切に適合させることができれば、企業の長期的な価値創造と持続可能性の実現に寄与する機会にもなりえます。

■■ サーキュラーエコノミーとは

気候変動の影響が大きくなった昨今、国際的に協調を図りながら、急ピッチでリニア型からサーキュラー型への移行を進めています。

サーキュラーエコノミーとは、従来の大量生産・大量消費・大量廃棄の一方通行の経済（線形経済：Linear economy）から、サプライチェーンのあらゆる段階において資源効率化・循環利用を図り、有効活用しきれていない資源価値の最大化を図る経済です。

いままでの資本主義の影響を受けたおかげで、世の中には修理できない、保守できない、部分交換できない製品が溢れています。そのため、修理しようとすると、新品を購入したほうが圧倒的に安くなってしまっており、コストを最適化できないという本末転倒な社会に陥ってしまっています。

大事なことは、“モノ”を提供するのではなく、“モノ・資源

Fig3-1 ●サーキュラーエコノミーのイメージ

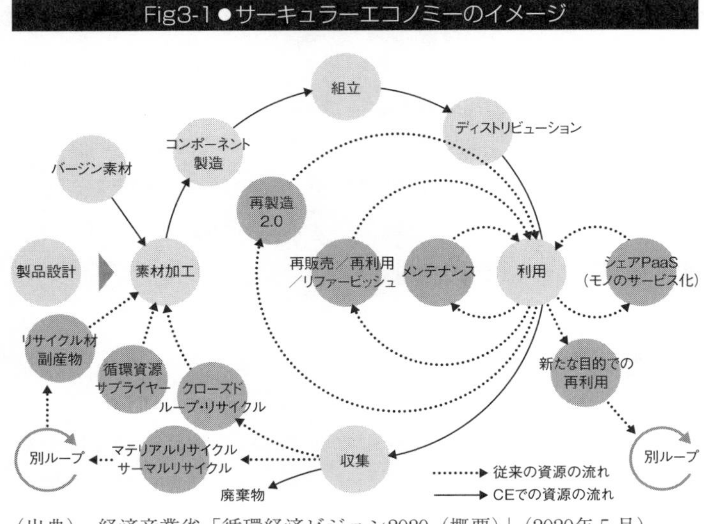

（出典）　経済産業省「循環経済ビジョン2020（概要）」（2020年５月）

の価値（能力やパフォーマンス）”を最大化するというコンセプトのもと、実現に向けたさまざまな打ち手を組み合わせて実施することです。

サーキュラーエコノミーへの転換のためには、メンテナンス／リサイクルがしやすい（分解がしやすい、材料のリサイクルがしやすい等）製品設計へ転換し、コスト最適化・利益最大化を図る必要があります。

■■サーキュラーエコノミーへの転換の必要性

現在、私たちの周りは「計画的陳腐化」された商品で溢れかえっています。経済発展や技術開発により、人間の生活は物質的には豊かで便利なものとなった一方、人類の生存基盤である地球環境は、人間が安全に活動できる境界を越えるレベルに達しており、プラネタリー・バウンダリー（planetary boundaries：地球の限界）を超えつつあります。

労働力とエネルギーが安価に手に入り、資源に限りがないと思われていた時代に構築された大量生産・大量消費・大量所有・大量廃棄を前提とした経済（線形経済：Linear economy）は、限界を迎えています。

上述のとおり、グローバルで増加し続ける需要と限りある資源の制約を踏まえれば、リニア型から循環型への経済構造転換は必須です。

短期的利益と物質的な豊かさの拡大を追求する成長モデルから脱却し、サーキュラーエコノミー社会への転換を図ることは、足下で有効活用しきれていない資源価値の極大化による資源の効率化につながるだけではなく、中長期的に筋肉質な成長となります。

世界的な競争力、持続可能な経済成長、雇用創出の観点から、すでに欧州委員会は“新サーキュラー・エコノミー・パッケージ”を採択しています。法的規制や規格に適合しない企業は市場から排除される可能性があるだけに、こうした動きには日本企業による早期のグローバル標準への適応が求められます。そのため、日本は、政府・企業が一体となって規制等で不利にならないよう働きかけることも必要です。

また、プラスチック資源循環に関する機関投資家の関心は高まりをみせており、国際的には、廃棄物回収・処理まで含めたプラスチックの賢い利用に向けた投融資等を行うコミットメントや、集団的エンゲージメントを行う投資家アライアンスが立ち上げられています。さらに、2020年５月に策定したプラスチック資源循環戦略では、プラスチック資源循環に積極的に取り組む企業にESG投融資を呼び込む仕組みが検討されています。

このような潮流を踏まえ、近年、サーキュラーエコノミーの取組みを進める企業を投資対象とするインデックス・ファンドや、サーキュラーエコノミーに関係するプロジェクトに投資するテーマ型投資ファンドが急速に増加しています。これまで気候変動対策に積極的に取り組む企業が主な対象となってきたESG投融資において、今後は、サーキュラーエコノミーの存在感が高まっていくことが予想されます。

企業の長期的価値創造を踏まえたサプライチェーンの再設計

従来の廃棄前提ではなく、資源制約を前提とし、製品設計段階から資源・製品の再生・再利用について考慮するとともに、ビジネスモデルにそれらの要素を組み込んで価値を提供する必要があります。

昨今、諸外国では、サーキュラーエコノミーデザイン戦略をとることにより、シェアリングエコノミーやサブスクリプションなど、これまでにないサービスや製品価値が創出されてきています。

一方、リニア型からサーキュラー型にビジネスを移行するには、マーケティング、製品設計、原料調達、製造ライン、販売、消費、回収、廃棄、リサイクルに至るまで、すべてを抜本的に変更する必要があります。そのため、企業は移行リスクとともに、既存サプライチェーンへの影響やビジネス機会の検討を行い、それらにかんがみながら移行ステップを検討する必要があり、社内の内部統制方法もあわせて転換を求められています。

すなわち、サーキュラーエコノミーへの転換は、原料・製品調達だけではなく、マーケティングおよび設計を含めたサプライチェーン全体、事業モデルそのものの抜本的な見直しを図る必要があります。

そのため、単に打ち手レベルで自社のビジネスに取り込むことではなんら意味がなく、事業構造そのものを俯瞰して全体を循環型に再設計するとともに、その再設計の過程のなかで、紹介したような打ち手をどう利用していくのかを検討する必要があり、企業はどのように取組みを進めていくべきか頭を抱えているのが現状です。

ここで重要な視点となるのは、顧客との長期的な関係性を前提としながら、“モノ”を提供するのではなく“価値（能力やパフォーマンス）”を提供し続けるというコンセプトをビジネスの根幹に据え、そのコンセプトの実現に各種の打ち手を組み合わせることです。

昨今、長期的価値創造（Long time Value、以下LTV）、企業の長期的価値を評価する価値評価の変革が起こっています。長期的価値LTVに対する取組みを効果的に定着させている企業が、自らが創造する価値による利益を最も効果的に享受することができる時代に移行しています。サーキュラーエコノミーへの転換を図れた企業が生き残る時代となってきています。

サーキュラーエコノミーへの転換は、企業にとって一時的にはコスト負担増でしかありません。しかし、サプライチェーンのあらゆる段階において資源効率化・循環利用を図り、有効活用しきれていない資源価値の最大化を図ることができれば、経済的に大きなメリットを生み出す可能性があります。

また、個々の企業の間でサーキュラーエコノミーへの事業転換が進み、一次資源全体の消費を抑えることができれば、将来、一次資源不足による資源価格の高騰を回避できるかもしれません。

■■ サーキュラーエコノミーの市場性

2021年7月に公表された「GLOBAL SUSTAINABLE INVESTMENT REVIEW2020」によると、2018年から2020年までの2年間で、世界のESG投資額は15.1%増加し、35兆米ドルにも達しており、年平均7.3%成長しています。

米国は2018年の11兆米ドルから2020年には17兆米ドルへと42.4%の急拡大をみせ、米国が世界で最もESG投資が盛んな国となりました。カナダは2018年から2020年の2年間で42.6%拡大、日本は31.8%拡大しています。一方、欧州は2018年の14兆米ドルから2020年には12兆米ドルへと13%減少となっています(Fig3-2参照)。

また、ここ数年の日本におけるサステナブル投資への関心の高まりがわかります。2014年から2016年で6,692%、2016年から2018年は307%と急拡大しています。2018年から2020年は34%と欧米諸国と変わらない成長率に落ち着いていますが、投資金額で比較すると、カナダやオーストリア/ニュージーランドに引けをとらなくなってきています(Fig3-3参照)。

いままで遅れをとっていた分、日本においては、今後、サーキュラーエコノミーはさらに発展・普及していくと考えられます。

実際、各地域での運用資産全体に占めるESG投資割合において、日本は24.3%を占めるまでに拡大してきています。2020年時点では、カナダが61.8%で第1位、次に米国が33.2%にまで成長してきています(Fig3-4参照)。

Fig3-2 ● Snapshot of global sustainable investing assets, 2016-2018-2020 (USD billions)

REGION	2016	2018	2020
Europe*	12,040	14,075	12,017
United States	8,723	11,995	17,081
Canada	1,086	1,699	2,423
Australasia*	516	734	906
Japan	474	2,180	2,874
Total (USD billions)	22,839	30,683	35,301

（注） Asset values are expressed in billions of US dollars. Assets for 2016 were reported as of 31/12/2015 for all regions except Japan as of 31/03/2016. Assets for 2018 were reported as of 31/12/2017 for all regions except Japan, which reported as of 31/03/2018. Assets for 2020 were reported as of 31/12/2019 for all regions except Japan, which reported as of 31/03/2020. Conversions from local currencies to US dollars were at the exchange rates prevailing at the date of reporting. In 2020, Europe includes Austria, Belgium, Bulgaria, Denmark, France, Germany, Greece, Italy, Spain, Netherlands, Poland, Portugal, Slovenia, Sweden, the UK, Norway, Switzerland, Liechtenstein.

*Europe and Australasia have enacted significant changes in the way sustainable investment is defined in these regions, so direct comparisons between regions and with previous versions of this report are not easily made.

（出典） The Global Sustainable Investment Alliance「GLOBAL SUSTAINABLE INVESTMENT REVIEW2020」

Fig3-3 ● GROWTH OF SUSTAINABLE INVESTING ASSETS BY REGION IN LOCAL CURRENCY 2014-2020

	2014	2016	2018	2020	GROWTH PER PERIOD GROWTH 2014-2016	GROWTH 2016-2018	GROWTH 2018-2020	COMPOUND ANNUAL GROWTH RATE (CARG) 2014-2020
Europe* (EUR)	€9,885	€11,045	€12,306	€10,730	12%	11%	-13%	1%
United States (USD)	$6,572	$8,723	$11,995	$17,081	33%	38%	42%	17%
Canada (CAD)	$1,011	$1,505	$2,132	$3,166	49%	42%	48%	21%
Australasia* (AUD)	$203	$707	$1,033	$1,295	248%	46%	25%	36%
Japan (JPY)	¥840	¥57,056	¥231,952	¥310,039	6,692%	307%	34%	168%

（注） Asset values are expressed in billions. New Zealand assets were converted to Australian dollars. In 2020, Europe includes Austria, Belgium, Bulgaria, Denmark, France, Germany, Greece, Italy, Spain, Netherlands, Poland, Portugal, Slovenia, Sweden, the UK, Norway, Switzerland, Liechtenstein.

*Europe and Australasia have enacted significant changes in the way sustainable investment is defined in these regions, so direct comparisons between regions and with previous versions of this report are not easily made.

（出典） The Global Sustainable Investment Alliance「GLOBAL SUSTAINABLE INVESTMENT REVIEW2020」

Fig3-4 ● Proportion of sustainable investing assets relative to total managed assets 2014-2020

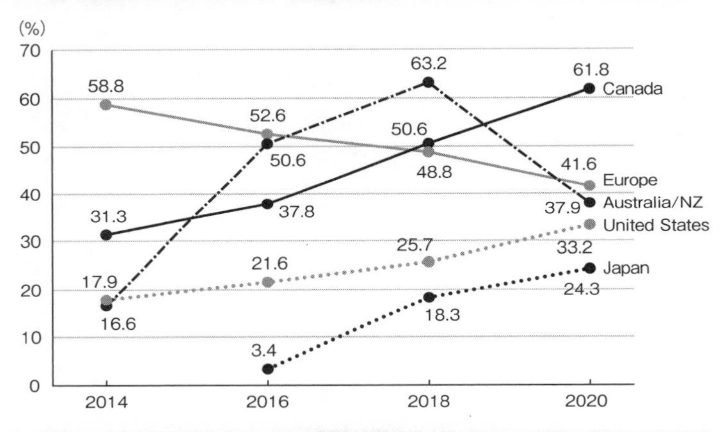

REGION	2014	2016	2018	2020
Europe*	58.8%	52.6%	48.8%	41.6%
United States	17.9%	21.6%	25.7%	33.2%
Canada	31.3%	37.8%	50.6%	61.8%
Australasia*	16.6%	50.6%	63.2%	37.9%
Japan		3.4%	18.3%	24.3%

（注） *Europe and Australasia have enacted significant changes in the way sustainable investment is defined in these regions, so direct comparisons between regions and with previous versions of this report are not easily made.

（出典） The Global Sustainable Investment Alliance「GLOBAL SUSTAINABLE INVESTMENT REVIEW2020」

サーキュラーエコノミー分野における EUの存在感

EUは、サーキュラーエコノミー分野において、世界に先駆けて取り組んでおり、世界をリードしています。サーキュラーエコノミーを経済成長のための戦略と位置づけ、包括的な施策を実施することで、海洋汚染・土壌汚染など環境負荷を低減しつつ、産業競争力の強化を図っています。

EUが推進するサステナブルファイナンスにおいて、環境的にサステナブルか否かを判定するタクソノミーが注目されています。サステナブル投資割合の開示の義務づけがEU域内の投資家を対象に検討されており、６つある環境目的に応じた情報開示が資金を調達した企業に求められる可能性があります。

そのうち気候変動緩和と気候変動適応の２つの環境目的については、すでに閾値等が公表されています。今後、その他の環境目的についてもそれが公表される見込みですが、注目すべき環境目的は「サーキュラーエコノミーへの移行」です。

サーキュラーエコノミーは、経済成長と資源循環を両立させる政策であり、資源投入量と廃棄物発生量を最少化することを目指しています。これに寄与する事業が、タクソノミーにおいてサステナブルな事業として定義される予定です。

サーキュラーエコノミー化の具体的な事例

サーキュラーエコノミー型モデルへの移行とはすなわち、事業モデルそのものの抜本的な見直しを意味しています。単なるリユースやシェア、レンタルといった個々の対策レベルで自社のビジネスに取り込むことではなんら意味がなく、事業構造そのものを俯瞰して全体を循環型に再設計するとともに、その再設計の過程のなかで、以下で紹介する対応策をどう利用していくのか、それは自社の事業特性や製品特性と照らし合わせてみて本当に必要な打ち手なのかについて、討議・検討を行っていく必要があります。

■■具体的な事例

サーキュラーエコノミー型ビジネスにおける打ち手の具体的な事例を紹介します（Fig3-5参照）。まず、最もシンプルなものとして、“廃棄物を出さないデザイン”をコンセプトとし、素材転換を行うことを通じてCE型の製品を展開している海外スタートアップのケースを紹介します。

次に、“モノを所有しないサービス化”として、提供者側がモノを所有し、利用者に対してレンタル等で提供することで、新たな資源消費を抑制している事例を紹介します。

Fig3-5 ● CE型ビジネスの具体的な事例

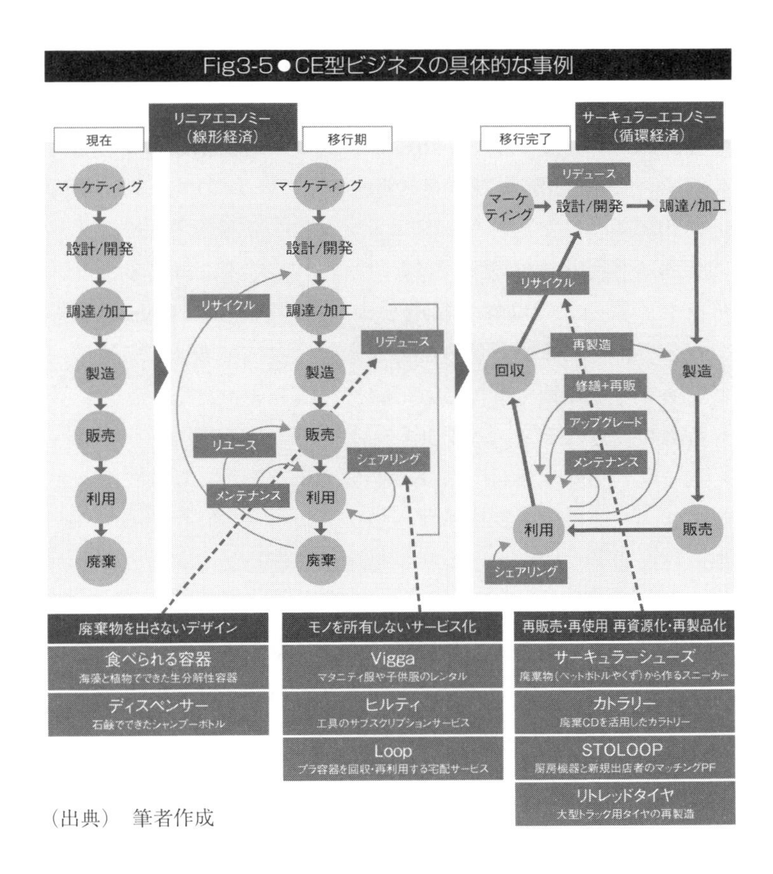

（出典）　筆者作成

最後に、“再販売・再使用、再資源・再製品化”というテーマで、廃棄物を回収して原料としてリサイクルを行い活用するケースや、一度市場に出荷した製品を回収して工場で再製造を行い、再度製品として提供しているケースについて紹介します。

①　廃棄物を出さないデザイン

食べられる容器

英国のスタートアップNotplaは、海藻と植物抽出物でできた食べられる生分解性容器「Ooho」をつくっています。Oohoは、2018年のロンドンハーフマラソンで水分補給用プラスチック容器の代替として使用され、マラソン大会におけるプラスチック容器の大量廃棄を回避しました。選手は、Oohoを噛んで水分を補給します。飲み終わった後は食べてもよし、道に捨てても４～６週間で分解されて自然に還ります。

石鹸でできたディスペンサー

ドイツのJonna Breitenhuberがデザインした、石鹸でできたディスペンサーは、シャンプーやボディーソープなどの中身を使い終わると、ディスペンサー自体は石鹸として利用できるため、容器のゴミがでないデザインとなっています。サーキュラーエコノミーが考えられた遊び心溢れるデザインです。

②　モノを所有しないサービス化

最近流行しているシェアリングサービスやサブスクリプションもサーキュラーエコノミーです。消費者の価値がモノを所有することから、モノを使うことに移ってきたからこそ流行しているサービスです。

使用期間が短い服のレンタルサービス

日本でもブランドもののバックや車、家電などのシェアリングやサブスクリプションサービスが多数台頭してきていますが、デンマークなどの北欧でも同様のサービスが普及しています。例えば、デンマークでは利用期間が短いマタニティ服や子供服のレンタルサービス「Vigga」が流行しています。

工具のサブスクリプション

モノを所有しないサービス化の流れは、BtoBの領域でも始まりつつあります。建設サービス会社のヒルティは、月々の定額使用料によって所有をせず工具を利用できるサービスを提供しています。工事内容によって必要となる工具が異なるため、工具によってはほとんど使わなかったり、逆に追加で調達したりする必要が生じます。そうした予備や余剰分の工具を管理する手間、かつ経理処理やメンテナンス等も継続的・突発的に発生します。

同社のフリートマネジメントサービスは、月々の定額使用料によって契約製品を一定期間利用できるため、現場の内容に合わせてメンテナンスが行き届いた工具を必要な量だけ利用することができます。このように、資源消費を抑制するという成果をもたらすだけでなく、利用者に生産性の向上や、間接業務の効率化といった価値を提供しています[1]。

プラ容器の回収・再利用

日本でも花王や資生堂などがサービスを開始している「Loop」。これまで使い捨てだったシャンプーや化粧品などの一般消費財や食品の包装容器を繰り返し利用可能な素材でつくられた容器に変え、中身を使い切った後は容器を回収し、洗

1 https://www.hilti.co.jp/content/hilti/A1/JP/ja/services/tool-services/fleet-management.html

浄、補充して配達する仕組みです。

容器の回収や洗浄などを考えるとライフサイクルアセスメント（LCA）に懸念がありますが、ハーゲンダッツも参加するなど、世界的に普及し始めています。

③ 再販売・再使用、再資源化・再製品化

サーキュラーシューズ

シューズは履いていると摩耗してしまい、機能自体も低下するため、リサイクルしにくい製品です。ナイキとアディダスは、リサイクル素材のシューズまたはリサイクル可能なスニーカーを発表しています。二大スポーツメーカーの取り組みは、サーキュラーエコノミーへの急速な転換を迫られているファッション業界において、大きな影響を及ぼしています。

ナイキは、今春、製造工場の床に落ちている廃棄物やくず、ペットボトル、糸の切れ端とTシャツを混合させて再生素材を製造し、サーキュラー型の新作スニーカーコレクション「Space Hippie」を発表しました。

Space Hippieは、素材調達、製造、廃棄に至るまでのサプライチェーン全体において、サステナブルになるように配慮されており、ナイキの製品のなかで最もカーボンフットプリント[2]の低い製品を実現しました。

アディダスは、昨年、100％リサイクル可能なシューズ「FU-

2　商品やサービスの原材料調達から廃棄・リサイクルに至るまでのライフサイクル全体を通して排出される温室効果ガスの排出量

TURECRAFT.LOOP」を発表しました。アディダスのFUTURECRAFT.LOOPは、これまで使用後のリサイクルが困難であったシューズにおいて革命を起こしました。10年の研究の末、靴底から紐まですべてが単一の素材TPUのシューズの製造に成功し、貼り付ける工程で接着剤を使用する必要がなくなったため、リサイクルが可能になったのです。

ファッション業界においても、これまでの大量廃棄時代を終わらせ、サーキュラーエコノミーへの転換が急速に進んでいます。

中古厨房機器のマッチング

飲食店の出店に必要な厨房機器、調理機器、インテリアなどをつなぐプラットフォーム「STOLOOP」。初期投資を抑えたい新規出店者と廃棄コストを抑えたい廃業者をつなぐことにより、双方にとってWin-Winの関係を構築するだけではなく、廃棄物量を減らすことにより、環境負荷の低減にも寄与しています。

廃棄CDを活用したカトラリー

廃棄CDを活用した再生カトラリー「Pebble」は、ドイツのデザインスタジオとアメリカの歌手のコラボレーションにより誕生しました。「Pebble」は、新型コロナウイルスの影響により飲食店のカトラリーがプラスチック製に変わったことで大量に発生している廃棄物の問題を解決するために考えられました。

廃棄されるはずだったCDから、廃棄されないカトラリーをつくる。まさに、Refuseの優良事例です。

リトレッドタイヤ

ブリジストンやミシュランといったタイヤメーカーでは、一次寿命が終了したタイヤのトレッドゴム（路面と接する部分のゴム）の表面を削り、その上に新たなゴムを貼り付け、再利用するサービス（エコバリューパック）を行っています。

このサービスではブリジストンがタイヤを所有し、その状態に応じたメンテナンスを行うとともに、適切なタイミングでタイヤ交換やリトレッドを実施するサービスビジネスです。

このように製品を販売して終わりではなく、サービスとして提供することによって、顧客のタイヤ関連費用をライフサイクルを通じて一定化（予算計上が明確化）するとともに、タイヤ起因の故障を予防することで、修繕費用の削減や管理業務の効率化等を価値として提供しています[3]。

■■サーキュラーエコノミーの課題と限界

前述のとおり、地球環境の持続可能性を損なう事業活動そのものが事業継続上の重大なリスク要因とも認識され、欧州をはじめ、さまざまな国がサーキュラーエコノミーへの転換を政策的に推進しており、循環型の経済活動が適切に評価され、付加価値を生む市場が生まれつつあります。

循環性の高いビジネスモデルへの転換は、事業活動の持続可能性を高め、中長期的な競争力の確保にもつながります。

3 https://tire.bridgestone.co.jp/tb/truck_bus/solution/retread/

あらゆる産業が、廃棄物・環境対策としての3R（Reduce、Reuse、Recycle）の延長ではなく、「環境と成長の好循環」につなげる新たなビジネスチャンスととらえ、経営戦略・事業戦略として、ビジネスモデルの転換を図ることが重要です。

さらには、動脈産業のビジネスモデル転換を促すうえで、関係主体（静脈産業、投資家、消費者）の役割の再設定が不可欠です。

一方、化石燃料由来の製品を前提としたサーキュラーエコノミーへの転換だけでは、地球環境への負荷低減は進みません。原料そのものを変える必要があります。

■■ サーキュラーとバイオエコノミーの関係性

"Bio is the new Digital"、生物機能を活用してエネルギーや素材を生み出すことが可能なバイオテクノロジーは、デジタルの次の革新的技術として産業界・学術界から注目されています。

バイオエコノミーという概念は、2015年９月に国連サミットで採択される以前から国際的に提唱されている概念であり、OECDは2030年のバイオ市場はGDPの2.7％に成長し、うち４割を工業分野が占めると予想しています。

2016年「BioEconomy Utrecht 2016（第４回EUバイオエコノミーステークホルダー会議）」では、サーキュラーとバイオエコノミーは、サステナブルな社会を実現するうえで、お互いを強化し、2015年12月に欧州委員会が採択した「サーキュラー・エコノミー・パッケージ」に対して、バイオエコノミーが貢献できるとしています。

また、2018年にEUが改定した“バイオエコノミー戦略”では、「持続可能なサーキュラー・バイオエコノミー」により、経済発展と社会課題解決を両立しつつ、SDGsやパリ協定の目標にコミットすることを目指しています。

ドイツは、2020年1月に「国家バイオエコノミー戦略」を閣議決定し、化石原材料に大幅に依存する経済から、循環志向で、バイオベースの経済への転換をさらに加速させています。

当戦略の中核目標は持続可能な、循環志向のイノベーションに強いドイツ経済をつくることです。ドイツは、生物学的知見の拡大とより多くの生物由来の資源が産業で利用されるようにすることにより、化石燃料に代替する新たな持続可能な製品を生み出すことを目指しています。

サーキュラー・バイオエコノミーを実現するためには、生物由来原材料を効率的に維持することが重要となり、循環志向型利用に関する新しいコンセプトが必要となります。生物由来原材料は循環に適しており、資源の消費を軽減するものです。持続可能なバイオエコノミーの発展を国際的に進めるためには、経済との密接な融合、そして国際的な協調・連携が必須となります。

バイオ素材は、もはや利用用途が限定される素材ではなくなっています。生物機能を利用することで、化石資源に依存した高温高圧のものづくりから、常温常圧のものづくりへの転換が可能となり、温室効果ガス削減だけではなく、複雑な合成過程が必要な化学産業プロセスの簡便・低コスト化、生産困難な化合物の生産など製造プロセスの抜本的な改革が起きています。

バイオマスからの化学品製造と産業利用の実現は、気候変動対策と産業競争力の両方に対する貢献を可能にします。

サーキュラーエコノミーからバイオエコノミーへの転換の必要性

世界経済フォーラム2019は、バイオテクノロジーをEmerging Technology（先端技術）の1つとして位置づけました。グローバルでは、特にセルロースナノファイバー、ゲノム編集・細胞農業、バイオ医薬・再生医療・ゲノム医療などの先端技術へ注目が高まっています。日本では、日本発のセルロースナノファイバー・再生医療は大幅に市場拡大が期待される注目技術です。

ゲノム解読コストの低減化・短時間化、AI技術の発展、簡易で正確なゲノム編集技術の登場により、生命現象を把握し、生物機能を最大限活用できるようになりました。

それだけではなく、人工的に生物を創り出す合成生物学が登場したことで、これまで利用しえなかった“潜在的な生物機能”を引き出すことが可能となり、自然界に存在しない生物を創り出すことも可能となっています。

合成生物学は、2000年以降に誕生したばかりの学問ですが、1次産業や食品、医療、創薬など生活の質の向上への貢献だけ

Fig3-6●サーキュラーエコノミーの概念

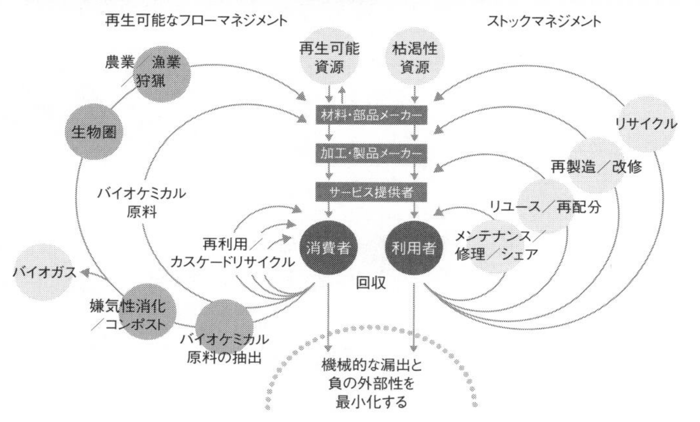

Ellen MacArthur Foundation Circular economy system diagram (February 2019) Drawing based on Braungart & McDonough, Cradle to Cradle (C2C)

（出典）　エレン・マッカーサー財団ホームページ、一般社団法人サーキュラーエコノミー・ジャパンホームページを基に作成

ではなく、気候変動や感染症など地球規模の社会課題に対して大きく貢献する可能性を秘めています。

まさに、あらゆる産業分野において世界的にパラダイムシフトが起ころうとしています。BioTech（バイオ×デジタルの融合）の進展により、既存のバリューチェーンを超えた動きが可能となってきています。

エレン・マッカーサー財団のサーキュラーエコノミーの概念図（Fig3-6）は、左側にバイオ由来のサイクル、右は技術のサイクルが描かれています。2050年の持続的な社会のためには、この概念図の実現化に向け、化石燃料の使用量低減化から、生物由来への製品への転換を図る、サーキュラー・バイオエコノミーを推進するべきであると示しています。

上述のとおり、あらゆる製品において、バイオ素材への転換が進められています。バイオテクノロジーを活用した新素材に関して、以下に概説します。

環境に優しい「代替プラ」

■■バイオマスプラスチックへの注目

プラスチックが1950年代以降に普及したことにより、われわれの生活は飛躍的に便利で豊かになり、多大な恩恵を受けてきました。一方、身の回りにプラスチック製品が溢れ、海洋にマイクロプラスチックが流出するようになりました。

海洋中のマイクロプラスチックについては、1970年代からその存在が報告されてきましたが、課題が顕在化されたのは、2015年頃からです。

すでに世界の海洋プラスチックごみは、合計で1億5,000万t[4]存在し、少なくとも年間800万t（ジャンボジェット機5万機

4　McKinsey & Company and Ocean Conservancy（2015）

相当）が、新たに流入していると推定されています[5]。

世界経済フォーラムは、2050年にはプラスチック生産量は現在の約4倍となり、海洋プラスチックごみの量が海にいる魚を上回り、消費する原油の20%がプラスチック生産に使用されると推測しています[6]。

持続可能な社会の実現に向けて、最近大きな関心が集まっているのが、環境に優しい「バイオプラスチック」です。CO_2の排出削減や廃プラスチック（廃プラ）が海を汚染する「海洋プラスチック問題」の解決に役立つと期待されています。

背景にあるのが、脱プラスチックに向けた世界の動きです。2019年5月にEUがストローやカトラリーなどの使い捨てプラスチック製品の流通を2021年までに禁止する法案を採択しました。レジ袋については欧州の多くの国や中国などで禁止や有料化などに踏み切り、日本も、2019年6月に欧米諸国に10年遅れでバイオ戦略が策定され、2020年7月から全小売店でレジ袋の有料化が義務づけられました。

さらに、環境省は、2019年5月に「プラスチック資源循環戦略」を策定し、2030年までにバイオプラスチックを最大限（約200万t）導入することを目標とし、重点戦略として、可燃ごみ指定袋等へのバイオマスプラスチックの使用等を掲げました。

現在、家庭ごみ処理を有料化する自治体は増加傾向にあり、現在約60%の自治体が指定有料ごみ袋を採用しています。今後

5　Neufeld, L., et al., WORLD ECONOMIC FORUM（2016）
6　Neufeld, L., et al., WORLD ECONOMIC FORUM（2016）

は、プラスチック資源循環戦略の目標達成に向け、自治体指定有料ごみ袋をバイオマス素材のものへ切り替える自治体が急増すると予想されます。これにより、日本においても今後、欧米諸国同様、バイオマスプラスチックの需要が急増すると考えられます。

気候変動や海洋プラスチック問題などを背景にバイオマテリアル革命が一気に起こり、ものづくり産業の構造を大きく変えつつあります。

■■ バイオマスプラスチックの市場規模

米リサーチステーション合同会社によると、世界のバイオプラスチック市場は2021年の22億ドルから2026年までに33億ドルになると予測されています。過去に起きたバイオブームの時とは環境が一変し、状況が違います。化石資源に頼らない「脱炭素循環型社会」の実現に向け、世界でサプライチェーンの再構築が始まっています。

欧州バイオプラスチック協会によると、2019年のバイオマスプラスチックの世界の製造能力は211万tであり、2024年には約30万t増加し、243万tまで拡大すると推計されています。その大部分をポリプロピレン（1.9万t→12.8万t）、およびポリヒドロキシアルカン酸（PHA）（2.5万t→16.0万t）が占めています。

日本でも、国内企業がプラスチック容器包装の削減やバイオプラスチック使用量の増加など、積極的な行動目標を掲げています。日本バイオプラスチック協会の調査によると、バイオマスプラスチックの出荷量は2019年に４万6,650tと約10年間で4.2倍となっています。また、3R推進団体連絡会の調査によると、プラスチック容器包装の削減率は2018年に17％と、10年間で12％伸びています。

昨今、世界的なESG投資の広がりで、機関投資家は企業に環境配慮の姿勢を求めるようになりました。これを受け、日本企業のなかでも高い環境目標を掲げる動きが広がっています。

花王は、2025年までに再生樹脂の使用量を2018年比で５倍に引き上げることを目標として掲げています。サントリーHDは、2030年までに販売するペットボトルの最大７割をリサイクル品に切り替える予定です。

■■バイオマスプラスチックの種類

バイオプラスチックは、生物由来の原料でつくる「バイオマスプラスチック」と微生物などで分解される「生分解性プラスチック」の総称で、それぞれ環境への優しさや機能などに違いがあります。

バイオマスプラスチックとは、植物バイオマスなどの再生可能原料から製造されるプラスチック素材です。植物由来のバイオエタノールを主原料につくる「バイオPET」や「バイオポリエチレン」などが代表で、一般のプラスチックと同じように使えるものが大半です。植物由来なのでCO_2排出量の削減は期待できますが、必ずしも生分解性があるわけではありません。数年前からペットボトルや食品容器、レジ袋などで採用が進んでおり、世界の大手素材メーカーも生産を強化しています。

生分解性プラスチックとは、生分解性を有するプラスチック素材を指します。海洋プラスチック問題を救うと期待されています。石油由来の生分解性プラスチックもありますが、最近脚光を浴びているのが、生物由来の原料でつくる生分解性プラスチックです。土壌や海洋で分解され、温暖化ガスの削減にもつながります。国内外の大手素材メーカーが研究と生産に力を入れており、ストローやレジ袋、包装材、化粧品容器などへの採用が進みつつあります。

いままさに川上から川下までさまざまな企業が取り組み始めており、石油から始まり最終製品に至る従来の「炭素循環型」サプライチェーン（供給鎖）が大きく再構築されようとしています。

■■ バイオマスプラスチックの課題

バイオマスプラスチックの普及に向けては、主に以下の２点が課題として考えられます。

気候変動が及ぼすバイオマスプラスチック樹脂原料への影響

バイオマスプラスチック樹脂の原料は、主にトウモコロシやサトウキビです。気候変動に関する政府間パネル（IPCC）第５次評価報告書（AR5）では、熱帯および温帯地域の主要作物（コムギ、コメおよびトウモロコシ）について、適応がない場合、その地域の気温上昇が20世紀後半の水準より２℃またはそれ以上になると、生産に負の影響を及ぼすと予測しています。

不安定なバイオマス原料の調達

前述のとおり、各国・各企業はバイオマスプラスチック導入に向けて意欲的な目標を掲げていますが、各国・各社が掲げる10〜20年後の目標を達成するには、確実にリサイクル原料が足りなくなり、近い将来にはリサイクル原料の「争奪戦」が起きることまで考えられます。

2020年度より、中国系など海外のリサイクル企業が日本への進出する動きが広がっています。このような世界の潮流をかんがみると、今後、バイオマスプラスチック原料の供給が逼迫すると想定されます。

日本は、バイオマスプラスチック樹脂原料の９割は米国およびブラジルから調達しており、原料の調達先は限定的になっています（Fig3-7参照）。

バイオマスプラスチック樹脂原料として、米国からトウモロコシを原料としているポリ乳酸、ブラジルからサトウキビを原料としているバイオポリエチレンを約５万t輸入しています。

世界的にもバイオマスプラスチック樹脂原料をブラジルに依存している状態であることより、今後、安定的かつ低コストで原料調達できるかが大きな課題となっています。

また、現在、バイオポリエチレンを供給できる樹脂メーカーはブラジルのBraskem社などの数社に限られており（生産能力：20万t／年）、バイオ由来指定ごみ袋の調達義務化が進めば、将来、バイオポリエチレン（PE）供給量が不足すること

Fig3-7 ● バイオマスプラスチック樹脂の調達先

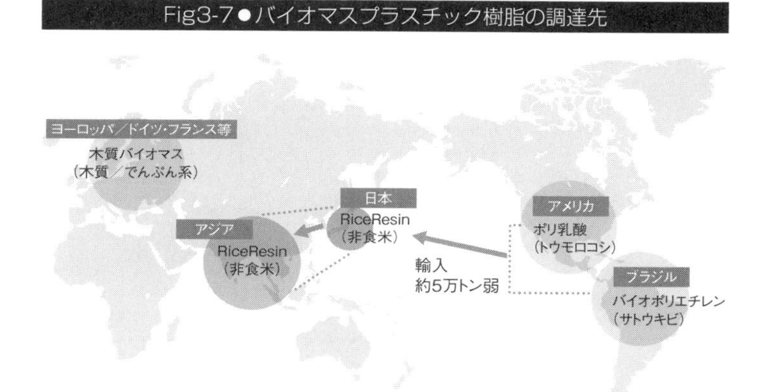

（出典） バイオマスレジンホールディングス

が予測されます。

さらにここ数年、中国は自国の生産だけでは足りず、輸入に頼らざるをえない状況となっており、穀物輸入が急増しています（Fig3-8参照）。

特に大豆とトウモロコシの輸入量は急増しており、大豆は、国内消費の85％を輸入に頼っており、この10年間で約２倍に拡大、トウモロコシの輸入量は、2019年から2020年にかけて約３倍以上に急増しています。

これは中国の人口増加に加え、食生活が豊かになり、肉類の消費が増加していることにより、飼料の輸入が増大していることも大きな要因の１つです。

日本のトウモロコシの輸入量（2020年）は16百万t、世界最大

Fig3-8●Imports of soybeans（1990-2028）

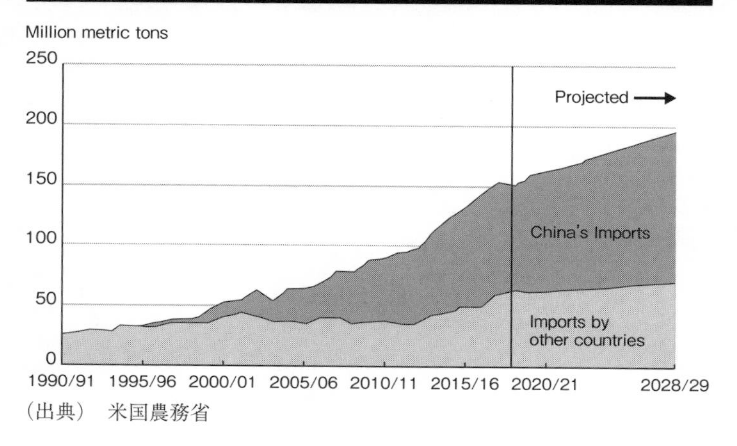

（出典） 米国農務省

の輸出国である米国の輸出量は47.5百万tであることからも、中国の輸入量の大きさがわかります。

カネカの生分解性ポリマーGreen Planet™（PHBH）

カネカは、1990年代前半から100％植物由来で海中水でも生分解される“生分解性ポリマーPHBH”の開発に着手し、2009年に世界で初めて100％植物由来で、軟質性、耐熱性を持つ生分解性ポリマーPHBHを開発しました。

生分解性ポリマーとは、微生物の働きによって分子レベルまで分解され、最終的にCO_2と水となって自然界へ循環していくポリマー素材のことです。

PHBHは、植物油を原料に微生物により生産されたポリマーであるため、自然界に存在する微生物によりCO_2と水に分解されます。植物由来であるため、分解されてもカーボンオフセットとなり、大気中のCO_2が増えることはありません。カネカは、2017年に海水中で生分解する認証「OK Biodegradable MARINE」を取得しています。

また、PHBHは、軟質性、耐熱性を持つだけではなく、化石燃料由来のプラスチックと同様の成形加工が可能です。

現在は、PHBHの大型プラントを建設し、量産化を目指しています。

■■ 廃米からつくるバイオマス樹脂

世界のプラスチック生産量は、2015年に3億8,000万t[7]まで急増しています。また、プラスチック生産量（2015年）を産業セクター別にみると、容器包装セクターのプラスチック生産量が最も多く、全体の36％を占めています（Fig3-9参照）。

プラスチックの原料であるポリエチレン（PE）、ポリプロピレン（PP）は、原油を加熱分解して得られるナフサから製造される熱可塑性樹脂です。

プラスチック素材の裾野は広く、日本国内では主なプラス

7　Roland Geyer, Jenna R. Jambeck and Kara Lavender Law「Production, use, and fate of all plastics ever made」Science Advances Vol. 3, No. 7（2017年7月19日）

Fig3-9●In 2015, plastic packaging waste accounted for 47% of the plastic waste generated globally

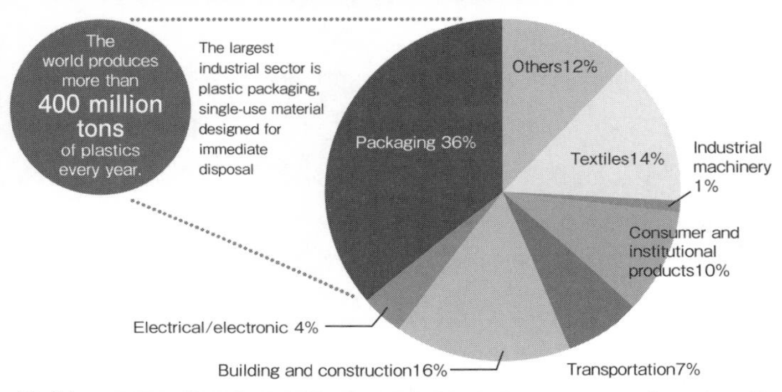

（出典） UNEP「SINGLE-USE PLASTICS A Roadmap for Sustainability」（2018年）

チック原材料であるPEおよびPPは年間合計443万t使用されています。これは、プラスチック原材料の約46%を占めており、フィルム・シートや容器類の製造に多く用いられます。

バイオマスレジンホールディングスは、2007年より国内で生産・調達可能な新規需要米（飼料米）や災害米などを活用し、バイオマスプラスチック樹脂（以下、ライスレジン）を製造しています。

ライスレジンは、化石燃料由来のPP/PEの代替が可能です。上述のとおり、PP/PEは、樹脂市場の約46%を占めており、現在、フィルム・シートや容器類、建材、日用品などさまざまなものに活用されていますが、ライスレジンは、農業資材や容器包装、キャップ、建材など、さまざまなものを代替可能

Fig3-10●国内プラスチック原材料別および製品別生産比率

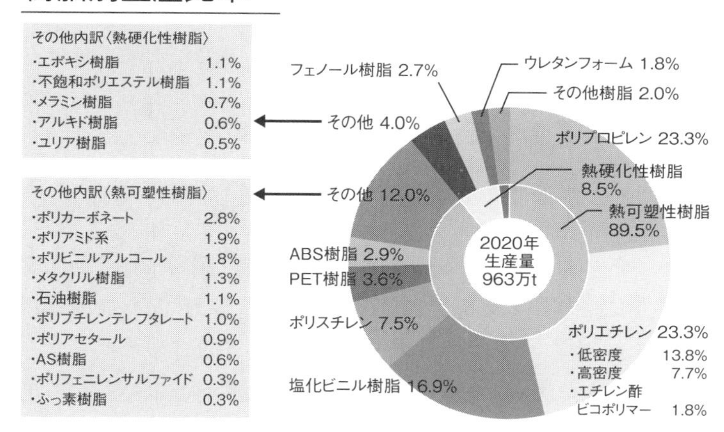

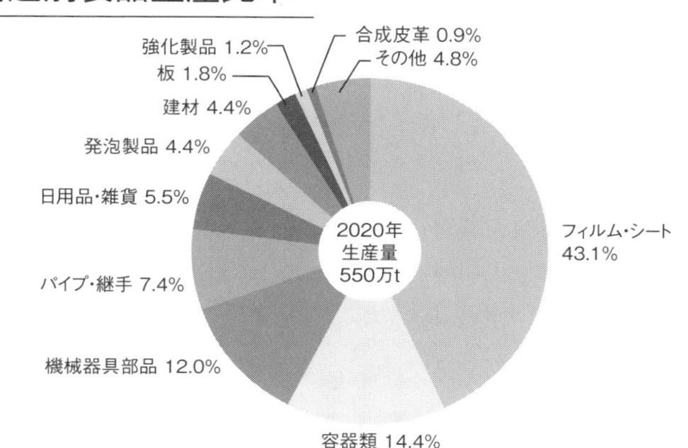

（出典） プラスチック循環利用協会「プラスチックリサイクルの基礎知識2021」

です。

日本でも、近年の異常気象や干ばつ、豪雨などの気候変動は、日本列島の農産物に大きな被害をもたらしており、毎年、焼却処分される災害米が増加しています。ライスレジンは、食品加工メーカーが出すくず米や破米、台風などの被害にあった浸水米、食品廃棄物等のバイオマス系廃棄物を原料としています。

バイオマスレジングループのライスレジン製造技術を活用することにより、本来廃棄される予定であった資源を活用した100％国内産のバイオプラスチックの製造が可能となります。これにより、プラスチック原料・製品の輸入、食品廃棄物の焼却において発生するCO_2の削減だけではなく、資源効率性の向上への寄与ともなります。

また、バイオプラスチックの原料として、国内で生産・調達可能な新規需要米（飼料米）を活用することにより、原料の海外依存度を減らし、サプライチェーン断絶リスクの緩和につながります。

国内の生物資源を原料に利用できれば、地方や農林業の活性化にもつながりますが、課題は、製造コストが化成製品の２倍であることです。代替プラスチックをいかに低コストで提供できるかに、日本の素材産業や製造業の未来がかかっています。

Fig3-11 ● ライスレジンの特徴

ライスレジン4つの特徴

100％国産

日本ならではのお米（非食用）を使用した、
バイオマスプラスチックです。

高品質

樹脂の特性としては、石油系プラスチックと
ほぼ同等の品質となります。

安定供給

国産なので石油相場や海外の情勢に
左右されずに安定供給が可能です。

高対応力

お客様のニーズに合わせた、
小ロットでの対応が可能です。

（出典） バイオマスレジンホールディングス

Fig3-12 ● CO_2の削減（非エネルギー起源）

石油系のプラスチック製品

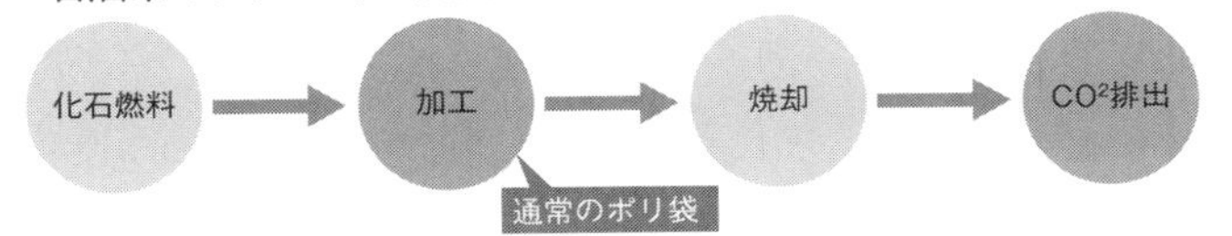

ライスレジンのプラスチック製品

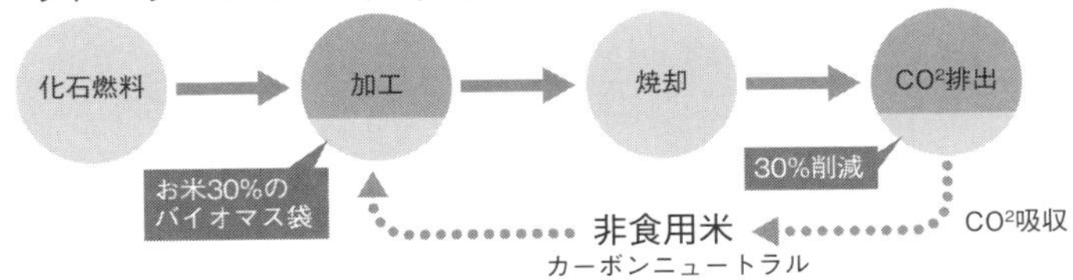

＊カーボンニュートラルとは：ライフサイクル全体でみたときに、CO_2の排出量と吸収量とがプラスマイナスゼロの状態になること。

（出典） バイオマスレジンホールディングス

■■海洋廃棄プラスチックの回収&リサイクル

海洋廃棄プラスチックの回収&リサイクルも進んでいる。ドイツ発のリサイクルブランド「GOT BAG.」は、海洋廃棄プラスチックを回収して、バックパックを製造しています。

また、伊藤忠商事は、海岸に漂着したプラスチックごみのリサイクル事業に取り組んでいます。2020年11月、長崎県の対馬に漂着した海洋プラスチックごみ由来の再生原料を配合したごみ袋を開発したと発表しました。

■■CO_2からプラスチック原料を製造

自然界には、有効利用または発見されていない特殊な微生物、細菌が無数に存在します。水素細菌もそのひとつでした。

水素細菌は自然界に存在し、水素をエネルギー源としてCO_2を吸収しながら有機物に変換する特殊な細菌です。また、水素細菌は、バイオ燃料や繊維、タンパク質、プラスチックなど、さまざまな物質を生産できます。

水素細菌は、CCU（Carbon dioxide Capture and Utilization）のひとつです。CCUはCO_2を回収して有効利用する技術で、排出されたCO_2を分離・回収して地中深くに圧入し、固定化・貯留するCCS（Carbon dioxide Capture and Storage）とは別の技術です。水素細菌は、バイオ技術を活用し「CO_2を資源化する技術」として、国内外で期待されています。

1960年代から研究されてきた技術ですが、これまでは効率性に問題があり、研究開発が進んでいませんでした。水素細菌にゲノム編集技術を適用することで、乳酸やエタノール、バイオ燃料原料、タンパク質などを効率的に生成できるまでに技術発展しています。

エネルギーや化学原料、食料の大半を海外に依存している日本において、バイオによるものづくりも原料となる植物由来の糖や油脂を海外に依存せざるをえない状況です。水素細菌であれば、CO_2と水素を原料としているため、海外依存度を軽減できる可能性があります。

東京大学発バイオベンチャーのCO_2資源化研究所は、2019年に世界で初めてCO_2からポリエチレンの原料となるエタノールを製造する特許を取得しました。同社は、遺伝子を組み換えた微生物（水素細菌）を使い、ポリエチレンやポリ乳酸などのプラスチック原料を製造する技術を開発しています。

未来の素材、セルロースナノファイバーの可能性

代替の域を超えるスーパー素材も登場しています。

2019年の東京モーターショーでは、22の大学・研究機関・企業が環境省事業にて共同開発した次世代素材セルロースナノファイバー（CNF）を活用した自動車（ナノセルロース・ヴィー

Fig3-13●ナノセルロース・ヴィークル

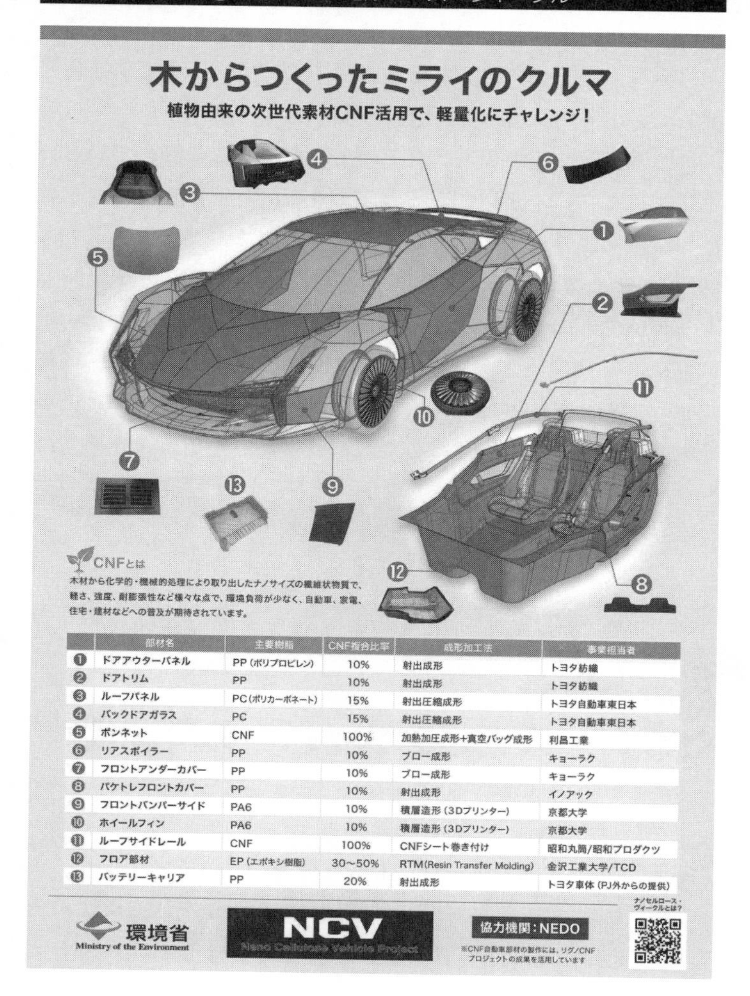

	部材名	主要樹脂	CNF複合比率	成形加工法	事業担当者
❶	ドアアウターパネル	PP(ポリプロピレン)	10%	射出成形	トヨタ紡織
❷	ドアトリム	PP	10%	射出成形	トヨタ紡織
❸	ルーフパネル	PC(ポリカーボネート)	15%	射出圧縮成形	トヨタ自動車東日本
❹	バックドアガラス	PC	15%	射出圧縮成形	トヨタ自動車東日本
❺	ボンネット	CNF	100%	加熱加圧成形+真空バッグ成形	利昌工業
❻	リアスポイラー	PP	10%	ブロー成形	キョーラク
❼	フロントアンダーカバー	PP	10%	ブロー成形	キョーラク
❽	バケトレフロントカバー	PP	10%	射出成形	イノアック
❾	フロントバンパーサイド	PA6	10%	積層造形(3Dプリンター)	京都大学
❿	ホイールフィン	PA6	10%	積層造形(3Dプリンター)	京都大学
⓫	ルーフサイドレール	CNF	100%	CNFシート巻き付け	昭和丸筒/昭和プロダクツ
⓬	フロア部材	EP(エポキシ樹脂)	30〜50%	RTM(Resin Transfer Molding)	金沢工業大学/TCD
⓭	バッテリーキャリア	PP	20%	射出成形	トヨタ車体(PJ外からの提供)

（出典） 環境省より画像提供

クル）がお披露目されました（Fig3-13参照）。植物由来の次世代素材CNFは、木材から化学的・機械的処理により取り出したナノサイズの繊維状物質で、鋼鉄の5分の1の軽さで5倍以上の強度を有しています。

CNFは、現在日本が大きくリードしており、軽さ、強度、耐膨張性などさまざまな点で、環境負荷が少なく、幅広い分野での用途が見込まれています。

人工タンパク質で素材革命

世界的な問題になっているのは、プラスチック素材だけではありません。気候変動対策が叫ばれ、アパレル産業にも問題の矛先が向けられています。

循環型経済を提唱するイギリスのエレン・マッカーサー財団の推計によると、同産業の温室効果ガス排出量は12億t／年にも及びます。また、国連の調査によると、ジーンズ１本の製造に人１人が飲む７年分の水の量（約7,500ℓ）を使用しており、アパレル産業全体では930億㎥／年の水、50万t／年のマイクロファイバーを海洋に投棄している状況です。

昨今のファストファッションの台頭により2000年からのわずか15年間で生産量は倍増し、大量生産消費の加速による水質汚染や温室効果ガス排出量、繊維廃棄物の増加などの環境汚染を生み出しています。

バイオ素材は耐久性や耐熱性、成形性に課題があると思われていましたが、昨今ではゲノム解読コストの低減・短縮化、ゲノム編集技術やイメージング技術、自動化・AI技術の進展により合成生物学が急速に発展し、自動車産業にも利用可能な素材が開発されています。

アパレル産業におけるサーキュラーエコノミー対策が進められるなか、石油由来の化学繊維に代わる素材として、微生物などの力を借りて合成する人工タンパク質繊維に世界中の目が注がれています。

同素材の開発を進めているスタートアップには、日本のスパイバー（山形県鶴岡市）、米国のBOLT THREADS（ボルト・スレッズ）、MODERN MEADOW（モダン・メドウ）などが知られています。スパイバーは新興バイオテック企業として投資家に注目され、商業生産開始前にもかかわらず数百億円を調達しました。

原料を枯渇資源に依存しない人工タンパク質は、環境負荷低減や脱マイクロプラスチックへの解決策となりうる持続可能な新素材です。

また、人工タンパク質は、ゲノム編集により、無限の組合せのなかから目的に応じてアミノ酸の配列を自由にデザインすることができ、多種多様な性能の素材を製造することが可能です。そのため、産業材料の用途にあわせて温度、湿度、耐性、強靭性、伸縮性、分解性などを設計し、さまざまな素材の製造が可能なことから、アパレル産業以外においても大きな可能性を秘めています。バイオ素材は、利用用途が限定される素材ではなくなっています。

スパイバーのクモの糸は、鋼鉄の340倍の強靱性とナイロンを上回る伸縮性がある“夢の繊維”です。夢の繊維は、もう夢ではなくなっています。スパイバーはスポーツウェアを製造するゴールドウインと組み、人工タンパク質からつくった世界初となる高機能ウエアを2019年12月中旬に限定発売しました。

人工タンパク質が注目される理由は、微生物の発酵プロセスによりつくられるため環境負荷が小さく、用途にあわせた多種多様な性能を人工的に製造することが可能だからです。また、バイオマス原料と微生物でつくる素材のため、廃棄後は土や水中で分解されることより、ポリエステルやナイロンなどの化学繊維と比べて温室効果ガス排出量を抑えられます。

さらには、生物機能を利用することで、化石資源に依存した高温高圧のものづくりから、常温常圧のものづくりへの転換が可能となり、温室効果ガス削減だけではなく、複雑な合成過程が必要な化学産業プロセスの簡便・低コスト化、生産困難な化合物の生産など製造プロセスの抜本改革が起きています。

究極的に持続可能な資源である人工タンパク質素材。バイオマスからの化学品製造と産業利用の実現は、気候変動対策と産業競争力の両方に対する貢献を可能にします。

人工タンパク質素材はまだ開発途上ですが、将来的には環境に優しく、これまでにない性能・機能を持ち、内容を自在に設計できる夢の素材になる可能性を秘めています。

気候変動よる社会課題をバイオテックでどのように解決し、化石燃料をベースとした短期視点の消費型経済から、持続可能な資源をベースとした長期視点の循環型経済へと転換を図るか。人工タンパク質は、従来のものづくり概念を一変させ、資源制約からの解放を実現する可能性があります。

バイオプラスチックやセルロースナノファイバーなどとあわせて、枯渇資源に頼る素材産業の概念を一変する「バイオマテリアル革命」が起きようとしています。

■■籾殻から生まれた天然由来の多孔質カーボン素材

ソニーは、籾殻が持つ独特な微細構造を発見し、コメの籾殻を原料にした優れた吸着特性を持つ多孔質カーボン素材Triporous™（トリポーラス）を開発しました。

トリポーラスは従来の活性炭で吸着しづらかった大きな有機分子やウイルスなどの大きな物質も容易に吸着でき、活性炭に比べ、優れた吸着スピードや高い薬剤担持率などの特性も有しています。特許を取得した独特の微細構造により、水や空気の浄化など幅広い応用が期待されています。

同素材は、体臭やペットのニオイの原因となるアンモニアガスの吸着速度評価では、従来の活性炭よりも約6倍のスピードで吸着することが確認されています。

さらに、従来の活性炭で吸着しづらかったアレルゲンについても、スギアレルゲンは約3倍、イヌ・ネコアレルゲンは約8倍もの高い吸着性を達成しており、ウイルスや菌を99%以上除去する特性を有しています。現在、複数の企業とアパレル製品の開発を進めています。

籾殻は、日本だけで年間約200万t、世界で年間約1億t以上排出されており、焼却処分が大きな課題となっています。現在焼却処分されている余剰バイオマスである籾殻を再利用することは、焼却処分費の軽減だけではなく、循環型社会、地球環境負荷の低減への貢献につながります。

アニマルウェルフェアなバイオレザー

テクノロジーの進化に伴い、近年では動物を殺さず、また合成樹脂などを使用しない、まったく新しいレザーが誕生しています。

次世代のサステナブルな人工レザーとして、国内ではコメやキノコの菌床、海外では酵母菌を使用したレザーの開発も進められています。

さまざまなスタートアップが立ち上がっており、米モダンメドウ（Modern Meadow）は研究室で培養されたアニマルフリーのレザーを開発、米アルジニット（AlgiKnit）は昆布由来のバイオヤーンを使ったスニーカーを生産、米ボルトスレッズ（Bolt Threads）は生物工学を使ってシルクプロテインから繊維を合成、米マイコワークス（MycoWorks）はトウモロコシの皮やおがくず、菌糸体を使ってレザーを生産しています。

環境問題や倫理問題への消費者の関心が高まっている昨今、ブランドイメージを維持したいファッション業界にとって、環境負荷が低く、動物を殺す必要もないキノコレザーは魅力的な選択肢となっています。キノコの革がファッショントレンドになる日も近い！

主なスタートアップの技術を以下に概説します。

米国カリフォルニア州に拠点を置くスタートアップの「Bolt Threads」は、「Mylo」という菌糸体からつくりだした代替レザーを製造しています。

シートに植え付けた菌糸体の胞子におがくずや有機物を与え、湿度や温度を調節した室内で育成し、できあがった菌糸体のシートを染色することで革のような素材となります。

動物性食品は不使用であるだけではなく、菌糸体は、綿の生産に必要な水の量の半分で生産可能で、生産過程で発生してしまったごみは堆肥として菌糸体の培養に活用されています。

米国ニュージャージー州の企業「モダン・メドウ（Modern Meadow）」は、動物のDNAを採取し編集してつくられたコラゲーンを培養する方法で、天然のレザーに近い素材「ゾア（Zoa）」の開発に成功しています。動物の皮を使わずに、レザーと同じ触感や機能を再現しています。

同社は、酵母細胞のDNAを操作して特定のタンパク質を生成し、それを基本構成要素として使用しており、そのタンパク質の配置次第で、性質を変えることを実現しています。

カリフォルニア州に拠点を置く「マイコワークス」は、キノコの菌糸体からレザーに近い素材を生み出す「Fine Mycelium」という技術の特許を保持しており、注目が集まっています。

エルメス（HERMES）だけではなく、バレンシアガやグッチといった、名だたるラグジュアリーブランドも、よりサステナブルな代替皮革への転換を図ろうとしています。

海外で先行、バイオ燃料シフト

バイオシフトによるサプライチェーンの再構築は、素材産業だけではなく、自動車や航空機などに使う燃料分野でも進んでいます。IEA（国際エネルギー機関）の2021年調査レポート[8]によると、自動車、飛行機、船舶などの運輸部門から排出される世界のCO_2は約23％を占めています。「Our World in Data」によると、2020年の世界のCO_2排出量は約340億t[9]であるため、世界の運輸部門だけで、約78億t-CO_2を排出しています。

環境省のレポート[10]によると、日本国内の輸送部門におけるCO_2排出量も、2018年は約2.1億t-CO_2／年となっており、全体の約18.5％を占めています。運輸部門におけるCO_2排出量は2001年度をピークに減少傾向に転じているものの、全体に占める割合は2014年度以降微増している状況です。

運輸部門においてこれ以上の脱炭素化は推進するためには、使用燃料の脱炭素化を図ることが喫緊の課題となっています。

そこで注目されているのがバイオ燃料です。自動車や船舶のEV化や水素利用など、動力源の研究開発も進められています

8　IEA「Global energy-related CO2 emissions by sector in 2021」
9　Our World in Data
https://ourworldindata.org/co2-emissions
10　環境省「運輸部門における温室効果ガス排出状況（2021/3）」

が、既存車両を活用したまま脱炭素化を図れるバイオ燃料は使いやすさの面から、海外を中心に取り入れる動きが一段と活発になっています。

バイオ燃料には、トウモロコシやサトウキビなどからつくるバイオエタノール、菜種やパーム油などからつくるバイオディーゼルなどがあります。

各国では、エネルギー上の安全保障も兼ねたバイオ燃料の利用促進策が進んでいます。米国では2005年に成立した「エネルギー政策法」で、航空機や自動車、船舶などの輸送用燃料にバイオエタノールを一定割合混ぜることを義務づけました。さらに、米国のバイデン政権は、2050年までに全航空燃料をSAF（Sustainable Aviation Fuel：持続可能な航空燃料）へ切り替えることや、次世代バイオ燃料への研究開発投資を表明しています。

イギリスやフランス、ブラジル、インドネシアなどでも、輸送用燃料の一定量をバイオ燃料とすることを義務づけたり、税制面での誘導策を講じたりしており、官民あげて低炭素な次世代バイオ燃料の開発を本格化させています。

先進国だけではなく、新興国や発展途上国でもバイオ燃料への切替えが進んでいます。2018年にインドネシア政府は、ディーゼル車や船舶、建機などにバイオ燃料を使うよう義務づけました。

IEA（国際エネルギー機関）の試算[11]によると、バイオ燃料の年間世界需要は2026年までに28％増加し、1,860億ℓに達すると予測しています。IEAのロードマップをもとにしたNEDO

（新エネルギー・産業技術総合開発機構）の試算によると、2030年におけるバイオジェット燃料の市場規模は約４兆円、2050年においては19兆円程度まで拡大すると見込まれています[12]。

日本でも、京都議定書が採択された1997年には、気候変動枠組条約第３回締約国会議（COP3）で環境先進国をアピールするため、ごみ収集車の燃料を軽油から廃食用油で製造したバイオ燃料に切り替えました。廃食用油からバイオ燃料を精製する取組みは、世界に先駆けて日本全国で展開されましたが、結局、原料となる廃食用油の安定調達とコスト高により、普及に至りませんでした。

再びバイオ燃料が注目されており、NEDOは2017年より「バイオジェット燃料生産技術開発事業」に着手し、原料の多様化やバイオジェット燃料を安価かつ安定的に製造する技術開発に取り組んでいます。

NEDOは技術開発だけにとどまらず、バイオマス原料の調達からバイオジェット燃料の利用までも含めたサプライチェーン構築を見据え、2030年頃の商用化を目指しています。

11　IEAホームページ
https://www.iea.org/fuels-and-technologies/bioenergy

12　国立研究開発法人新エネルギー・産業技術総合開発機構技術戦略研究センター（TSC）「技術戦略研究センターレポートTSC Foresight vol. 21 次世代バイオ燃料分野の技術戦略策定に向けて」（2017年11月１日）

急速に進むバイオジェット燃料への転換

最近、特に大きく進んでいるのが、航空機用のバイオジェット燃料の利用です。海外ですでに商業飛行に使われており、米ユナイテッド航空が2016年、米国の航空会社で初めて定期便への使用を開始し、独ルフトハンザ航空や英ブリティッシュ航空なども使っています。

ICAO（国際民間航空機関）によると、バイオジェット燃料による商業飛行はこれまでに21カ国で計20万回以上にのぼります。「Plane Finder」で運航状況をリアルタイムでみると、バイオジェット燃料を使った飛行機は、常に数十機が飛行しています。

日本航空は、古着10万着を原料としてバイオジェット燃料を製造し、2021年２月４日に、日本で初めて衣料品の綿から製造した国産バイオジェット燃料を搭載した商用フライトを実施しました。このプロジェクトでは、地球環境産業技術研究機構発のスタートアップであるGreen Earth Instituteが回収した古着を原料としてバイオイソブタノールを生産し、国際規格であるASTM D7566 Annex6に適応したバイオジェット燃料を製造しています。このバイオイソブタノールは、地球環境産業技術研究機構が開発したイソブタノール高生産コリネ型細菌と革新的バイオプロセス「RITE Bioprocess®」を組み合わせて生産しています。

日本航空は、2023年度から一般廃棄物を原料とするバイオジェット燃料を定期便に導入するとしています。2030年に持続可能な航空燃料の利用を全燃料の10％に引き上げ、2050年にゼロカーボンの達成を目指しています。さらには、廃プラを原料とした代替航空燃料の研究や国内製造・販売も検討しており、2026年度以降に廃プラスチックを原料とした航空燃料を定期便に利用する目標を掲げています。

US Environment Protect AgencyおよびEnergy Information Administrationの調査資料によると、米国のバイオ燃料市場は2017年では5.1兆円に達しており、2022年には10兆円規模になると推定されています。前述のとおり、今後、バイオジェット燃料の利用は増え続ける見通しで、NEDO（新エネルギー・産業技術総合開発機構）の調査では、世界の市場規模は2030年に４兆円、2050年に19兆円になると予測しています。

国際的に航空輸送が急増しつつあるなか、地球温暖化に対する世界的な懸念が強まり、各国で燃料の見直しが進んでいます。

背景にあるのが、ICAO（国際民間航空機関）が2016年総会において合意し、2021年に始めるとしたCO_2排出量規制の義務づけです。191カ国が航空機のCO_2排出量を2019年水準より増加させない、超過分は航空会社に排出枠購入を義務づける国際的枠組みに合意したことで、代替航空燃料の導入は重要検討事項となりました。

ICAO（国際民間航空機関）の計画はCOVID-19の影響で予定よりも遅れており、2021年に、航空会社が2019年よりCO_2排出量を増加させないことについて、2027年より義務化する方針を発表しました。航空会社は、この目標を達成するために、CO_2

排出量を削減しなければならず、SAFの導入が不可欠となっています。しかし、現在は世界の全航空燃料に占めるSAFの比率は1％以下にとどまっています。

■■ SAFシフトによる課題

前述のとおり、世界的にSAF（持続可能な航空燃料）へのシフトが始まっていますが、その影響を大きく受けているのが主にアブラヤシを原料にするパーム油です。バイオジェット燃料については、多様な技術が開発されているものの、現在、商用ベースでバイオジェット燃料を大量生産できるのは、「HEFA（水素化処理エステル・脂肪酸）」といわれる植物油や動物油を加工したバイオジェット燃料に限られています。

HEFA燃料で現在最も安価で入手が容易な原料はパーム油や大豆油で、パーム油と大豆の生産は、世界の熱帯雨林破壊の主要因となっています。

さらに、バイオ燃料需要の高まりにより食料用との取り合いが発生しており、2021年のパーム油や大豆、菜種高騰の背景には、バイオ燃料の需要急増があります。その影響が、2022年1月から実施されたカルビーのポテトチップス価格の値上げにまで及んでいます。つまり、航空業界の低炭素化による影響は、私たちの食生活にまで及んでいるのです。

単にSAFへの代替を推進するだけでは、既存の環境破壊につながるおそれがあり、脱炭素化の実現には至りません。代替するバイオ燃料の原料までを含めて脱炭素化に寄与するものであるかを精査し、代替を推進する必要があります。そのためには、バイオ燃料代替だけではなく、国際基準の整備を並行して進めることが不可欠です。

今後は、バイオ原料や調達方法など、バイオの“質”まで問われる時代になります。各国、環境破壊につながらず、食料と競合しない、質の高い次世代バイオ燃料の技術開発に着手し始めています。

そうしたなか、注目されているバイオ燃料の原料が藻類です。藻類は非可食であるため、食料需給に影響を与えることはありません。また、微生物と植物の両方の特徴を持っている微細藻類は、健康食品や食用色素、化粧品などの原料となるだけではなく、バイオ燃料やタンパク質、宇宙食、バイオプラスチックを生産できる潜在能力を秘めており、CO_2も吸収します。

大学や企業の取組みも活発です。東京大学は石油のかわりに微細藻類による「バイオマスコンビナート」をつくってCO_2削減と産業活動を両立する「バイオマス・ショア構想」を打ち出しています。

微細藻類の産業化への壁は、培養コストの高さです。微細藻類が世界のタンパク質クライシスや食糧危機、エネルギー問題など、人類が抱える社会課題の解決に寄与する救世主となるかどうかは、大量培養技術の開発にかかっています。

■■ 次世代バイオ燃料による有償フライト

ユーグレナは2018年10月、日本初のバイオジェット・ディーゼル燃料製造実証プラントを完成し、旅客機の商用飛行に向けて準備を進めています。

微細藻類から生成される物質は、エネルギー産業をはじめ、今後深刻なタンパク質不足が危ぶまれる食品産業、原料不足の発酵産業や化学産業などさまざまな産業への提供が可能となります。

ユーグレナのバイオ燃料は、2020年１月にバイオ燃料製造実証プラントへの導入技術であるBICプロセス[13]がASTM D7566 Annex5 Neat国際規格を取得し、同年２月に国土交通省の通達で使用を認められたことより、同社のバイオジェット・ディーゼル燃料製造実証プラントで製造するバイオジェット燃料が日本国内でも正式に使用可能となりました。

また、ユーグレナは、バイオディーゼル燃料の実用化にも取り組んでおり、2020年３月に６年かけていすゞ自動車と共同研究開発を行ってきた「DeuSEL®（デューゼル）プロジェクト」が完了しました。いすゞ自動車の性能試験において、次世代バイオディーゼル燃料が石油由来の軽油と同等の性能であることを検証できたと発表しています。今後、次世代バイオディーゼル燃料の供給を本格的に開始する予定です。

13　米国のChevron Lummus GlobalとApplied Research Associatesが共同開発した独自のバイオ燃料製造技術である“バイオ燃料アイソコンバージョンプロセス技術”

2021年６月には、国土交通省航空局が保有し運用する飛行検査機において、ユーグレナ製造のバイオジェット燃料を使用したフライト・飛行検査業務が実施されました。

日本航空は、2030年に全燃料の10％をSAF（持続可能な航空燃料）に切り替えることを目標に掲げており、2050年のCO_2排出量実質ゼロの目標の達成に向けて、SAFの活用をあげています。

■■航空同様に船舶のバイオ燃料化も進む

船舶も航空産業と同様の状況です。IMO（国際海事機関）は、2021年６月に世界の大型外航船への新たなCO_2排出規制「EEXI（既存船燃費規制）・CII（燃費実績）格付制度」に関する条約を採択し、2023年から開始することを決定しました。

IMOは、2030年までに2008年比で輸送量当りのCO_2排出量を40％以上削減、2050年までに2008年比でCO_2排出総量を50％以上削減に向けた対策を検討しています。

この世界の潮流を受けて、日本郵船は、2019年にロッテルダム港でバイオ燃料を補油し、欧州域内で同燃料を使用した試験航行を実施しました。豊田通商も2021年４月にシンガポールで船舶燃料供給船にバイオ燃料を供給する実証事業を開始しました。商船三井も同年６月に、100％出資会社のEURO MARINE LOGISTICS N.V.が運航する自動車船「CITY OF OSLO」で、バイオ燃料を使用する試験航行を開始しています。

■■ 陸上輸送における燃料代替

1990年代に普及に至らなかった廃食用油からバイオ燃料を製造する事業が見直され始めています。伊藤忠商事は、ファミリーマートの食品配送車でバイオ燃料の利用を開始しています。ファミリーマートは、ユーグレナが微細藻類油脂や使用済み食用油を主原料して精製したバイオ燃料を使用しています。

また、ジェイアールバス関東やJR東日本環境アクセス、日本貨物鉄道（JR貨物）、西武バスなどもユーグレナのバイオ燃料を使用しています。

■■ 経済安全保障上必須のバイオ燃料の国産化

バイオ燃料は、海外の化石燃料に依存する日本のエネルギー需給構造に変革をもたらす可能性があり、エネルギー安全保障の観点からも非常に重要です。バイオ燃料は、既存インフラを活用することが可能であるため、脱炭素化への転換コストを抑えられます。

一方、SAF（持続可能な航空燃料）の生産技術やコスト面では、欧米メーカーが先行しており、国内航空会社大手は安定的な供給を確保するために海外から調達せざるをえない現状です。

SAFは世界で争奪戦になることが予測されます。

現在は、国内における大量生産が課題となっていますが、バイオ燃料における技術開発を促進し、安定的に低価格で提供することができるようになれば、日本でも一気に導入が進むと思われます。

このような潮流のなか、2021年6月にIHIは微細藻類から製造し、商用飛行に必要な国際規格ASTM D7566 Annex7を取得したバイオジェット燃料を日本航空および全日空の定期国内便に供給しました。

同年、日揮ホールディングスとコスモ石油は、2025年に廃食用油由来の国産SAFを商用生産し、供給開始することを発表しました。

ユーグレナは、ミドリムシなどを原料にしたSAFの量産に向けた商用プラントを建設予定であり、2025年以降からの本格的に販売を目指しています。

脱炭素燃料への世界的なシフト。日本は単に調達先をバイオ燃料に切り替えるのではなく、国産のバイオ燃料製造技術の研究開発とあわせて国産バイオ燃料への転換を図り、海外依存からの脱却を図るべきです。

このチャンスをしっかり掴み、経済成長に欠かせないエネルギーをこれまでの化石燃料のように海外へ依存する状態となることを避けるために、国産SAFの産業育成、量産体制の構築に注力すべきだと思います。

建築技術への応用

オランダでは、バイオテクノロジーを活用して自己修復させるコンクリート材料が開発されています。コンクリートのなかにバシラス属のバクテリアと乳酸カルシウムを入れておくことにより、コンクリートにひび割れが発生した際、水や酸素の供給を受けたバクテリアが乳酸カルシウムを活用して炭酸カルシウムを生成し、コンクリートのひび割れを自動的に修復させます。バクテリアの働きで、コンクリートのひび割れは約２カ月でほぼ修復されます。

これは、バシラス属のバクテリアが炭酸カルシウムを生成して岩などを固結させる生物機能を応用しています。

日本でも、将来の維持管理コストを抑制するため、土木構造物などの社会インフラの再生や長寿命化対策の一環として、この技術の導入を進めようとしています。高齢化や人口減少、地方の衰退によりインフラを維持することがむずかしくなっている日本において、大きな市場を獲得する可能性を秘めています。

また、東京大学生産技術研究所は、2021年５月に野菜や果物など廃棄食材を乾燥後に粉砕し、適量の水を加えて熱圧縮成形することで、建材としても十分な強度を有する素材の製造技術開発に世界で初めて成功したと発表しました[14]。

原料によって異なりますが、同素材の熱圧縮成形における最適な温度は100℃前後、圧力は20MPa前後、18MPaの曲げ強度を達成しています。一般的なコンクリートの曲げ強度は約5MPaであるため、建材として十分な強度を有しているといえます。さらに、木材に使われる耐水処理を加えることで、耐水性が求められる環境での使用も可能とのことです。

食品ロス軽減に向けて有効な新たな技術として注目されています。

■■日本のバイオエコノミー戦略

2009年にOECDがバイオエコノミー戦略を提唱して以降、欧米はファンディングや規制誘導の手法によりバイオテクノロジーによる産業振興を推進してきました。バイオテクノロジーの産業利用が世界経済を大きく牽引するドライブとなると期待されています。

日本でもバイオ戦略2019、2020において、“持続的な製造法で素材や資材のバイオ化している社会”の実現化を掲げています。NEDO（新エネルギー・産業技術総合開発機構）は、バイオエコノミー関連技術開発事業の推進に向け、2019年10月にバイオエコノミー推進室を立ち上げました。

国内バイオマスの利用が実現できれば、地方創生や農林業の

14　東京大学生産技術研究所プレスリリース「【記者発表】廃棄食材から完全植物性の新素材開発に成功」（2021年5月25日）

活性化にも寄与します。一方、植物由来原料の安定確保やバイオマス収集システムの構築、低コスト化、設備投資などの課題克服が必須です。

現在のバイオ素材製造コストは化成製品の2倍とされているなか、いかに将来への投資として素材転換を図っていけるか。日本として、バイオテクノロジーが生み出しつつある新たな潮流をどうとらえ、対処していくべきか。将来を見据えた戦略的な視野からの取組みが求められています。

世界で注目されているバイオ燃料ですが、2019年6月に内閣府が公表した「バイオ戦略2019」の9つの重要市場領域にバイオ燃料は含まれていません。

一方、2020年12月に、経済産業省が他省庁と連携して策定した「2050年カーボンニュートラルに伴うグリーン成長戦略」においては、バイオ燃料、バイオマス由来化成品等がカーボンリサイクル産業のなかに位置づけられており、カーボンニュートラル社会の実現に向けた重要な要素となっています。

バイオ燃料後進国の日本。大豆や菜種、エタノールなどのバイオ資源が乏しいなか、藻類バイオマスを活用し、バイオ燃料後進国から脱却して2030年にはバイオ燃料製造の先進国となれるか。技術革新だけではなく、省庁横断的な体制で検討を進めることが求められています。

企業が戦略に加えるべき新たな前提条件

日本社会が繁栄しつつ、自然環境を維持していくためには、サーキュラー・バイオエコノミーを推進すべきです。特に、サーキュラーエコノミーにおいて、諸外国から大きく後れをとってしまった日本において、また少資源国家である日本においては、一気にサーキュラーからバイオエコノミーへの転換を推し進めることが望ましいと思われます。

その際、最も重要となるのは、バイオ原料の確保方法です。化石燃料から脱却しても、バイオ原料を海外に依存しているのでは、少資源国家から脱却することができません。

たとえば、バイオマスプラスチックであるプラスチックフィルム・シートは、食品などの容器・包装材料、エレクトロニクス、自動車、農業、建材など幅広い分野で利用されており、サプライチェーン上不可欠な部素材となっています。

バイオマスプラスチックは、昨今、持続可能な社会の実現に向けて大きな注目が集まっています。CO_2の排出削減や廃プラスチックが海を汚染する「海洋プラスチック問題」の解決に役立つと期待されています。

しかし、現在、バイオプラスチックの原料となるトウモロコシやサトウキビ由来のデンプン、糖は9割以上が輸入です。日本は、石油由来およびバイオマス由来のプラスチックともに、原料の9割以上を海外に依存しており、有事の際にサプライチェーン断絶リスクが高い状況となっています。

COVID-19に伴う海外から日本への供給停止により、バイオマスレジ袋やごみ袋が不足するなど、日本のサプライチェーンは大きな影響を受け、脆弱性が露呈しました。

2019年5月にEUがストローやカトラリーなどの使い捨てプラスチック製品の流通を2021年までに禁止する法案を採択して以降、EU諸国では、川上から川下までさまざまな企業が取り組み始めており、石油から始まり最終製品に至る従来の炭素循環型サプライチェーンが大きく再構築されようとしています。化石資源に頼らない「脱炭素循環型社会」の実現に向け、世界でサプライチェーンの再構築が始まっています。

プラスチック資源循環促進法は、2021年6月に公布、2022年4月に施行されました。プラスチックの製品設計から廃棄処理に至るまで資源循環の取組み（3R＋Renewable）を促進するための措置です。今後、欧米諸国同様、バイオプラスチックの需要が急増すると考えられます。

国内の生物資源をバイオプラスチックの原料に利用することができれば、原料100％を海外依存しているプラスチック製品の国内回帰、供給安定化、サプライチェーン断絶リスクの緩和、地域活性化や国内農林業の再興につながります。

少資源国家であるからこそ、サーキュラーエコノミーへの転換ではなく、サーキュラーからバイオエコノミーへの転換を視野に入れ、原料調達から見直し、一気に推し進めることが望ましいと考えられます。

企業がオペレーション改革に着手すべき事項

前述のとおり、サーキュラー・バイオエコノミーへの移行とはすなわち、事業モデルそのものの抜本的な見直しを意味しています。

個々の打ち手レベルで自社のビジネスに取り込むことではなんら意味がなく、事業構造そのものを俯瞰して全体を循環型に再設計するとともに、その再設計の過程中で、紹介したような打ち手をどう利用していくのか、それは自社の事業特性や製品特性と照らし合わせてみて本当に必要な打ち手なのか、討議・検討を行っていく必要があります。

また、あわせて、国際標準や規制などを踏まえて、サプライチェーンの再構築を図るとともに、素材・原料調達からの見直しを行うことが必須です（Fig3-14参照）。

ルール形成戦略の重要性

世界の動きに対して出遅れている状況ですが、環境汚染問題

Fig3-14● 企業に求められる変革

Bio Economyの動向

セクター横断的な領域 (工業×医療×食農)

▶ **資源効率性の追求**
- G20主要国の**資源効率に係る政策策定**の活発化
- 欧米のSC別のCE政策の実施による**資源確保および雇用創出**をねらった"環境+経済政策"の推進
- **経済活動と環境影響の分離**政策によりEU経済の競争力強化

▶ **未病・予防ケア、セルフメディケーションへのシフト**
- 先制医療、オミクス医療、再生医療、マイクロバイオームの推進

▶ **持続可能な食料生産システムの構築**
- G20気候変動および爆発的な人口増加に対応した栽培技術の開発
- 環境共生の循環型農林水産業の確立

企業に求められる変革

観点

□**素材・原料**
- 高機能バイオ素材、バイオプラスチックへの転換

□**生産技術工業**
- 食料生産におけるバイオ生産システム(バイオファウンドリ)への転換

□**廃棄・処分**
- バイオを活用した資源循環システム構築

□**標準化・規制**
- 資源効率性の国際標準化対応

変革アイテム

✓**製品の設計変更**
- 高機能バイオ素材、バイオプラスチックに対応した製品設計へ変更

✓**サプライチェーンの再構築**
- 高機能バイオ素材、バイオプラスチックへの供給体制の構築
- 業界ゲームチェンジによる既存サプライチェーン事業者への対応

✓**ISO等国際標準化への対応**
- 新たなマネジメントシステム、モニタリングシステムの構築

✓**新生産技術に対応した法整備**
- 特に食料生産に関しては消費者受容の創出が必須

✓**知的財産権使用量の負担**
- バイオ関連の知的財産権は欧米中心に押さえられつつあるため巨額の使用料を負担

(出典) 筆者作成

Fig3-15●バイオエコノミーのイメージ

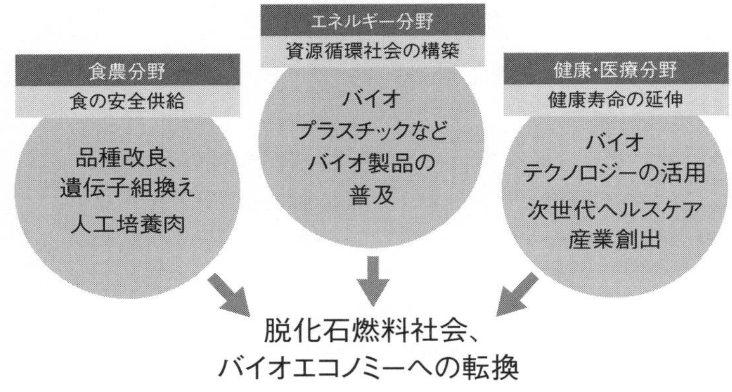

（出典）　筆者作成

の解決やバイオテクノロジーに対して大きなアドバンテージとなる技術が日本にはあります。関連規制や規格が整備されることを待つのではなく、日本の技術が世界の戦略のなかで適用されるよう、日本主導で国際的なルールを形成し、規制・規格を整備していく必要があります。また、技術だけではなく、制度構築もあわせてロードマップを検討することが重要です。

日本は、官民ともに技術開発に注力しがちですが、いくら日本の技術が優れていても、グローバルルールに当てはまらなければ普及させることはできません。これまで日本は、欧米が作成したルールについていくことに精一杯の状況でした。しかし、サーキュラー・バイオエコノミー分野には、まだルール形成途上となっている部分が残っています。

日本企業が“技術はあるのに世界で勝てない”という現状から脱却するためには、官民が一緒となり、技術革新とルール形成戦略の両面から取り組む体制整備を構築することが急務です。

日本は化石燃料資源が乏しい国ですが、化石燃料にかわる技術と自然資源を持っています。不足しているのは、世界市場で日本の技術が勝つルール形成戦略だけです。

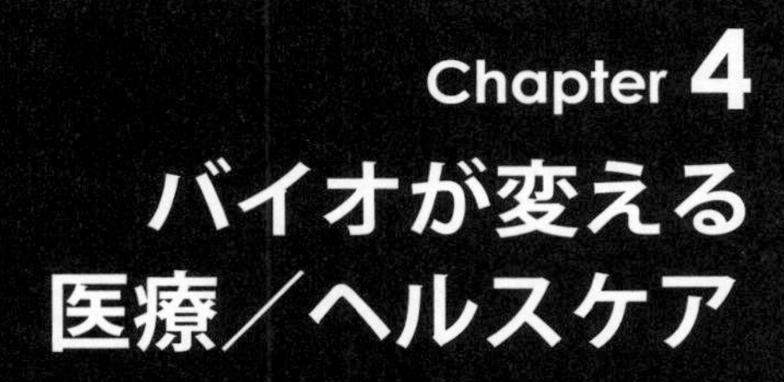

Chapter 4 バイオが変える医療／ヘルスケア

自分の寿命を自分でコントロールできる時代の到来が目の前にきています。合成生物学やゲノム編集技術、遺伝子データの蓄積、解析技術等のバイオテクノロジーの発展により、不老長寿のフロンティア開発が進められています。

近い将来、老化は受け入れなければいけない運命ではなく、“治療できる病気”となります。実際、生物界には、身体能力が老化しないハダカデバネズミやアホウドリ、カメ、ベニクラゲなどが存在します。

老化のメカニズムが解明され、根本治療ができるようになってきました。老化は自然の哲理ではありません。加齢とともに訪れる老化は、もうセットのものではなくなっています。

人間の平均寿命は、少しずつ延びてきました。江戸時代は平均寿命30～40歳だったのが、1950年には平均寿命60歳、現在では平均寿命80歳までになっており、最近では人生100年時代といわれています。“不老長寿”、人類の新たな進化が始まっています。

バイオ市場における医療・ヘルスケア産業の市場規模

2009年にOECDは、世界のバイオ市場規模が2030年には約1.6兆ドルに達すると予想しており、そのなかで食による未病予防や個別化医療、遺伝子治療・再生医療などの医療・ヘルスケア分野は約25％[1]を占めると推計しています。

しかし、この試算は、バイオ燃料等が除外されるなど過小評価されたものとなっており、実際には2030年におけるバイオテクノロジーによる経済効果は、さらに大きくなるといわれています。

Orion Market Researchによると、世界のバイオ産業の市場規模は、今後５年で年平均成長率7.0％の拡大が見込まれており、バイオ産業を分野別にみると、医薬・健康分野の市場規模が、今後５年間で約1.7倍に拡大すると予測されています[2]（Fig4-1参照）。Orion Market Researchの推計は、COVID-19の影響が加味される前であり、さらにバイオ産業における市場規模は拡大することが想定されます。

Mckinseyは、COVID-19の影響により、バイオテクノロジーは生産性向上、環境面負荷軽減および疾病負荷軽減に貢献することにかんがみ、今後10～20年間に世界全体で約1.8兆～3.6兆ドルの経済効果[3]が誘発されると推計しています。

日本国内のバイオ産業市場は、遺伝子組換え技術、生体分子解析技術等の先端技術を活用した製品・サービスに限った場合でも2018年時点で約3.6兆円の市場規模があり（Fig4-3参照）、

1　National Bioeconomy Strategy Summary, Bundesministerium für Bildung und Forschung/Federal Ministry of Education and Research (2020)

2　Orion Market Research Pvt Ltd「Global Biotechnology Market 2020-2026」

3　McKinsey Global Institute, "The Bio Revolution" (May 2020)

GDP成長率を上回る高い成長率を維持しており、今後５年間で日本国内のバイオ産業の市場規模は年平均成長率6.8％が見込まれています。日本国内の場合、なかでも医薬・診断薬は約２兆円にあたる56％を占めています[4]。

Fig4-1●世界のバイオ産業市場規模の推移（全体・分野別）

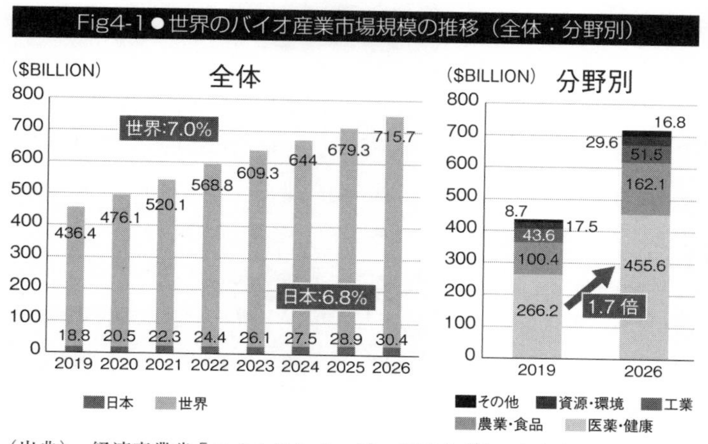

（出典）　経済産業省「バイオテクノロジーが拓く『第五次産業革命』」(2021年２月)

4　経済産業省「バイオテクノロジーが拓く『第五次産業革命』」(2021年２月)

Fig4-2 ● Partial estimate of potential and direct annual impact by time horizon1 ($ trillion)

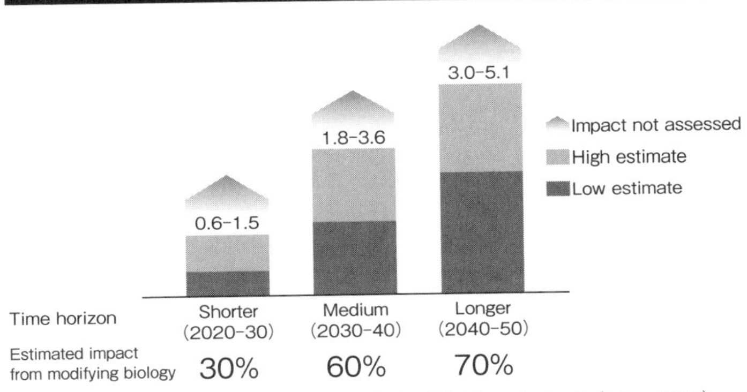

（出典） McKinsey Global Institute, "The Bio Revolution"（May 2020）

Fig4-3 ● バイオ産業の国内市場規模

医療用品、組換え動植物製品、化成品、機器・試薬など、バイオ分野のなかでもハイテクな製品・サービスを特定して算出

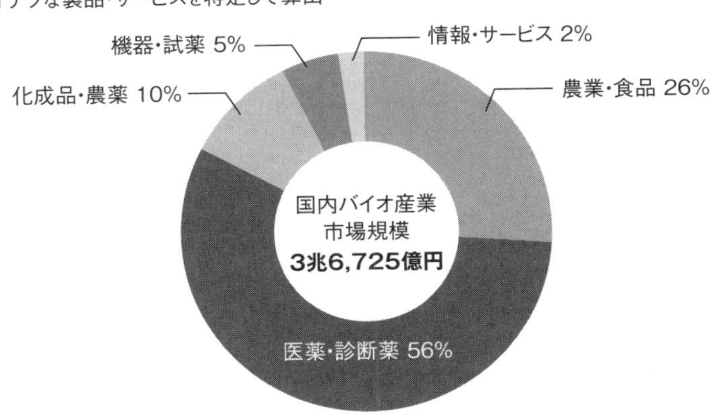

（出典） 経済産業省「バイオテクノロジーが拓く『第五次産業革命』」（2021年2月）

食のヘルスケア産業の創出

日本政府は、2018年6月15日に閣議決定した「統合イノベーション戦略」において、農業、工業および健康・医療分野でバイオエコノミーを新たな市場として創出し、持続可能な環境・社会の実現、健康長寿社会の形成を図ることを掲げています[5]。

農林水産物・食品分野では、バイオテクノロジーおよびデジタルデータを活用することにより、個人の生活習慣等に応じた食生活や食事の提案・提供を可能にし、生活習慣病リスクの低減と健康寿命の延伸を促進するなど、超高齢化社会も想定した、食による健康増進に関する取組みを推進しています（Fig4-4参照）。

機能性農林水産物・食品の開発は日米欧ともに高い水準を有しており、中国においても保健食品等の開発が急速に進んでいます。そのなかでも日本は世界に先駆け、食品の機能性表示制度を導入しており、世界で唯一、生鮮食品も表示対象としています。

一方、食による健康維持・増進効果に関する科学的エビデンスの蓄積は、欧州が先行している状況です。他国よりも先に超高齢者化社会を迎えている課題先進国の日本において、健康・

5　内閣府「統合イノベーション戦略」（平成30年6月15日閣議決定）

Fig4-4 ● 食のテーラーメイド化

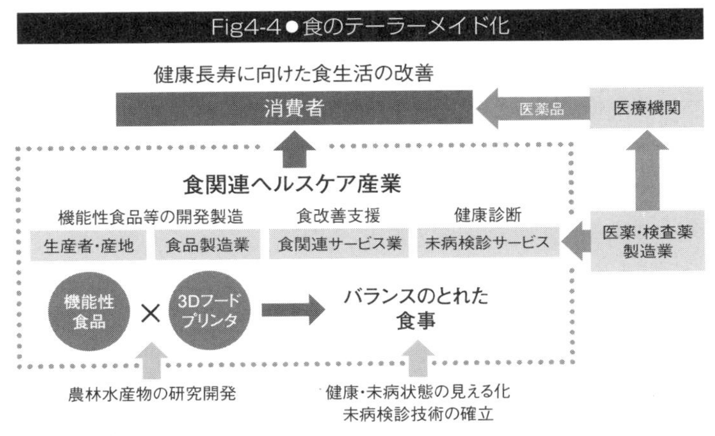

（出典） 筆者作成

長寿、ヘルシーな日本食は世界に誇る強みです。この強みを生かし、「食のヘルスケア産業」を創出するためにも、健康維持・増進効果に関する科学的なエビデンスの蓄積が急務となっています。

また、バイオテクノロジーを利用した農作物の開発だけではなく、個人の健康状態や生活習慣に応じて、健康の維持・増進を図るための食生活デザインまでを含めた総合的な取組みが必須です。

総合的な取組みを推進するためには、生体の持つ個体差と生体レベルで機能性が発現するメカニズムの解析が必要ですが、解析コストを低減するためにヒトにおける機能性の予測・実証プロセスの効率化が不可欠となります。

プロセスの効率化には、食品データ（食品素材からの成分予測、食品成分データ、機能データ等）および整体データ（薬物動態モデル情報、マイクロバイオーム等）が必須であるため、バイオ産業の推進にはデジタルとの融合が不可欠です。

パーソナルゲノムを解析し、自分の遺伝的疾病要因を知ることができれば、未病の段階で食事や運動により環境要因リスクを下げることが可能となります。これにより、発症後の治療中心ではなく、予防中心にシフトすることができます。

日本政府は、デジタルデータの蓄積および日本の技術的な強みを生かし、「食・農×バイオ×デジタル×医療」により個人の食をデザインすることで、食のヘルスケア産業における消費者価値の最大化と経済活動の活性化の両立を目指しています。

今後は、一人ひとりの要望や健康状態にあわせた食事が提供される時代になると考えられます。状態変化にあわせた新たな介入を提案し続けることにより、ライフケア、ヘルスケア、シックケアまでをカバーする水平展開ビジネスの可能性が広がっています。

3Dフードプリンタで健康食

農業や食品分野における先端技術の大衆化は、Chapter 2で紹介した「DIYバイオ」にとどまりません。自分のDNAや病状に合った食事、不足している栄養を補う食事を自宅で3Dフードプリンタを使ってつくる、3Dプリンタ技術と遺伝子解析技術の進展で、そんな時代が目の前にきています。

3Dプリンタは、金属やプラスチックなどの素材で立体物をつくるだけではなく、食の領域にも拡大しています。いま市場に出回っている3Dフードプリンタは、ペースト状の食材が入ったカートリッジを装填すると、あらかじめ設定した形状と食感が再現された料理をつくりだしてくれます。

現在は平面（2D）を積み重ねた層構造で成形するものですが、人の手では再現するのがむずかしい複雑な模様を創造できるため、料理にこれまでにない斬新な演出ができるようになりました。欧米では、すでに食品メーカーやレストランなどが導入しています。

出張レストランの英フード・インクは、世界初の3Dフードプリンタでつくった料理を提供しています。米スターバックスの一部店舗は、3Dフードプリンタで製造したアイスクリームを提供していますし、ミシュラン2つ星レストランの米Melisseなども利用し始めています。

3Dフードプリンタの食品生産技術は、世界中のシェフやメーカーだけではなく、米国航空宇宙局（NASA）からも高い関心を集めています。

NASAは宇宙飛行士が個人の嗜好に合った新鮮でおいしい食事ができるよう、米システムアンドマテリアルズリサーチ社に出資し、2013年から実現可能性を調査検討しています。

音楽と同様、料理をデータ化してシェアする取組みも始まっています。電通、山形大学、デンソー、東北新社で構成される産学協同オープンイノベーションチーム「OPEN MEALS」は、食材の味覚、食感などをデータ化し、ゲル性の極小ピクセルで食材データを再現するロボットアーム型の3Dフードプリンタを開発中です。

3Dフードプリンタが脚光を浴びる理由の1つにマーケティングの転換があります。消費者ニーズの多様化とともに、広告・宣伝、販売の手段がデジタル化、パーソナライズ化され、従来の画一的な手法から大きく変化し始めています。

3Dプリンタなら冒頭のように、料理を個人ごとに自動的につくることができます。現在販売されている3Dフードプリンタは、FOODINIが4,000ドル、Focus 3D Food Printerが3,300ユーロと、個人でも手が出せない価格ではありません。料理はデータで再現可能な科学です。近い将来、調理家電として、冷蔵庫などと一緒に家庭用3Dフードプリンタが並んでいるかもしれません。

生命を扱うバイオ3Dプリンタ

生物学と工学の融合によりバイオ3Dプリンタ技術が目覚ましく革進し、生物医学工学の発展に大きく寄与しています。バイオ3Dプリンタの登場により、高額医療の低価格化を図ることが可能となっています。

iPS細胞やES細胞、自家細胞（ヒトから採取した体細胞）を使って三次元構造の臓器や血管、神経を作製するバイオ3Dプリンタは、すでに実用化の段階に入っています。再生医療だけではなく、臨床実験前の医薬品の有効性や安全性評価に使えると期待されており[6]、世界中で競争が激化しています。

iPS細胞の進展により、研究者は疾患細胞を入手しやすくなりましたが、3Dバイオプリンタは、その細胞を効率よく大量に作製可能です。

■■ 細胞製人工血管[7]

2019年11月、佐賀大学とサイフューズは、独自で開発したバイオ3Dプリンタ「Regenova®」を用いて作製した「細胞製人工血管」を用いた世界初の臨床研究を開始しました[8]。本臨床研究は、バイオ3Dプリンタを用いた細胞製人工血管を移植する世界初の再生医療で、バイオ3Dプリンタを使用した新しい治療法提供への一歩です。

6　高木大輔ほか「iPS細胞由来細胞を用いた3次元組織体構築―自動コーティング技術と評価技」Ricoh technical report 41号118頁（2015年）

7　国立研究所開発法人日本医療研究開発機構ホームページ「バイオ3Dプリンタで造形した小口径Scaffold free細胞人工血管」

8　国立研究所開発法人日本医療研究開発機構ホームページプレスリリース「バイオ3Dプリンタで作製した「細胞製人工血管」を移植する再生医療の臨床研究を開始」（2019年11月13日）

従来の人工血管には、感染しやすく閉塞しやすいという課題があります[9]。人工材料を使用せず、患者自身の細胞から作製された細胞製人工血管の利用により、抗感染性や抗血栓性が期待されています[10]。また、開存性向上、透析患者のバスキュラーアクセス（血液を人体から脱血したり返血したりするための人体側の出入口）のトラブル軽減への寄与にもつながるとされています[11]。

サイフューズは、2010年に富士フィルムなどが出資して設立されたバイオベンチャー企業です。サイフューズのバイオ3Dプリンタは、独自の基盤技術バイオ3Dプリンティングが搭載されており、三次元構造の組織や臓器を再現しています。

現在、同社はバイオ3Dプリンタを活用し、軟骨・血管・神経などさまざまな組織・臓器再生の再生医療等製品の実用化、さまざまな病気のメカニズムを解明する病態モデル作成の開発、創薬の有効性・安全性を評価する創薬スクリーニングツールの実用化を進めています。

病気や怪我などによって失われてしまった機能を回復させる再生医療の実現や、病気の解明、新薬の開発において重要な役割を果たすと期待されているiPS細胞が2006年に発見されました[12]。人間の皮膚や血液などの体細胞に因子を導入し培養する

9　佐賀大学プレスリリース「バイオ3Dプリンタで作製した「細胞製人工血管」を移植する再生医療の臨床研究を開始」（2019年11月12日）

10　前掲脚注9

11　前掲脚注9

12　国立研究開発法人日本医療研究開発機構戦略推進部再生医療研究課「再生医療研究開発2020基礎研究の早期実用化を目指して」

Fig4-5 ● iPS細胞の樹立

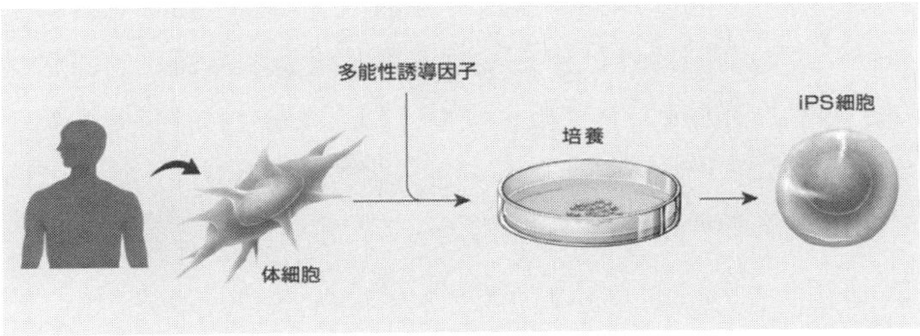

(出典) ⓒ奈良島知行／京都大学 iPS細胞研究所

ことにより、さまざまな組織や臓器の細胞に分化する能力とほぼ無限に増殖する能力を持つ、iPS細胞に変化します[13]（Fig4-5参照)。

現在、iPS細胞に基づく三次元生体組織の構築技術の研究開発が加速度的に進められています。

生体に近い組織構造の再現には、複数種類の生きた細胞の数や位置を精密に制御し、三次元的に組み換える必要があります。リコーは、生体に近いヒト組織作製を実現するため、細胞を生きたまま高精度に配置し、細胞の数や位置を精密に制御できる独自のインクジェット方式を採用したバイオ3Dプリンタの研究開発に取り組んでいます[14]。

---

13 京都大学iPS細胞研究所ホームページ
https://www.cira.kyoto-.ac.jp

14 株式会社リコーホームページ「バイオ3Dプリンター　細胞の３次元配置によるヒト組織作製で医療に革新を」

2020年12月には、米国メリーランド州ボルチモアのエリクサジェン・サイエンティフィック（Elixirgen Scientific）と共同で神経疾患の薬剤評価に使えるヒト神経薬効・毒性評価細胞プレートを共同開発し、製薬企業や研究機関向けに提供を開始しました。この評価プレートにより、新薬開発のコスト低減と開発期間短縮が期待されています[15]。

■■再現臓器による臨床試験

米国ノースカロライナ州にあるウェイクフォレスト大学再生医療研究所で、人間の一次細胞や幹細胞から作製した三次元のオルガノイドを用いて、世界最先端の人体実験モデルを開発されたことが、2020年2月の学術雑誌「バイオファブリケーション」で発表されました。

オルガノイドとは、試験管のなかで幹細胞からつくるミニチュアの臓器で、実際の臓器よりも小規模化、単純化されていますが、実際の臓器と同じ構造を持ち、三次元的な組織構造をしており、特定の臓器機能を再現可能です[16]。

医薬品の開発においては、臨床実験を実施する前に動物実験

15　株式会社リコーお知らせ「エリクサジェン・サイエンティフィックがリコーと共同開発したヒト神経薬効・毒性評価プレート「Quick-Neuron™ Plate - MEA 48」を本日発売～受取後すぐに薬剤応答試験を開始でき、新薬開発のコスト低減と開発期間短縮に貢献～」

16　国立研究所開発法人日本医療研究開発機構プレスリリース「ヒューマンオルガノイド技術による炎症・線維化病態の再現に成功！―脂肪性肝炎に対するオルガノイド創薬に期待―」（2019年5月31日）

が行われますが、マウスとヒトとの違いにより、動物実験段階では問題がなくても、臨床実験時に予想外の結果が出ることがあります。そのため、臨床実験前に医薬品の安全性について、よりヒトの臓器に近い実証実験を行うことで安全性や有効性を評価できれば、創薬や治療プロセスの初期段階において問題を除外できます[17、18]。

さらには、創薬プロセスの効率化や開発リスクの軽減、開発コストの低廉化など、製薬開発が劇的に変革されます。それだけではなく、動物実験の軽減にもつながると期待されています。

一方、オルガノイドは実際の臓器を単純化したミニチュア臓器ですが、実際の体内では臓器は血圧などの圧力下にあり、オルガノイドが生体内と同じ働きをしているわけではなく、心臓や腸のように自立的に動いている組織もあるため、バイオ3Dプリンタで三次元構造を再現するだけでは十分とは言いがたい状況です[19]。

今後、再生医療や創薬研究において、オルガノイドが普及するためには、再現性の面において検討課題がまだまだ散在しています[20]。

17　前掲脚注16
18　前掲脚注12
19　国立研究開発法人化学技術振興機構研究開発戦略センター「研究開発の俯瞰報告書　統合版（2021年）～俯瞰と潮流～」（2021年５月）

バイオ医薬品

バイオ医薬品の常識を覆す日本のスタートアップ

医療用医薬品には大きく分けて、バイオテクノロジーを活用するバイオ医薬品と、化学合成によってつくる化学合成（低分子）医薬品があります。バイオ医薬品は、遺伝子組換え、細胞融合、細胞培養などのバイオテクノロジーを利用して開発製造されたタンパク質性医薬品、抗体医薬品のことです。遺伝子工学を応用した方法で微生物や動物細胞につくらせることができます[21、22]。

バイオ医薬品は1980年代から実用化され始め、糖尿病治療薬として使用されるインスリンや低身長症の治療薬として使用される成長ホルモン、がんやＣ型肝炎に使用されているインターフェロンなどがあります。

20　国立研究開発法人化学技術振興機構研究開発戦略センター「調査検討報告書『４次元生体組織リモデリング：“組織・臓器”の“適応・修復”のサイエンスと健康・医療技術シーズの創出』～組織・臓器の宇宙を覗く」（2018年３月）

21　東京工科大学ホームページ「「バイオ医薬品」研究の取り組み」

22　一般社団法人くすりの適正使用協議会ホームページ「バイオ医薬品ってどんなもの？」

化学合成医薬品は化学反応で製造されている「低分子医薬品」といわれるものです。どちらも化合物ですが、バイオ医薬品は薬効が高く、副作用も少ないため適用できる病気が多いというメリットがあります[23]。一方、大量生産がむずかしいため、製造コストが高いというデメリットがあります。

加えて、研究開発から市場投入まで10年から15年かかり、数百億から数千億円という高額な研究開発費用が必要であるにもかかわらず、新薬の開発成功率はわずか約２万5,000分の１しかないことがボトルネックとなっていました。

MOLCUREは、次世代シーケンシング、バイオインフォマティクス、抗体工学を駆使した独自の高機能抗体医薬品開発プラットフォームを有しており、病気の予防や治療に役立つバイオ医薬品の候補分子を設計するサービスを提供しています。

従来の医薬品開発手法と比較し、半分の時間で、10倍以上の医薬品のもととなる候補分子を探索・設計することが可能となっただけではなく、従来の方法では発見できなかった医薬品分子を設計・探索できるようになりました[24]。

23　日本バイオテクノファーマ株式会社ホームページ
https://www.japanbiotechnopharma.com/biopharmaceutical/

24　株式会社MOLCUREプレスリリース「AIを活用した新薬開発を行うMOLCURE、総額８億円の資金調達を実施　グローバルを主戦場に事業成長を加速」

コメでつくった飲むワクチン “ムコライス[25、26]”

機能性の農作物や食品だけではなく、植物由来ワクチンの開発が進められています。東京大学医科学研究所と千葉大学大学院医学研究院は、遺伝子組換え技術を用い、コメ由来の成分を使った次世代ワクチン「ムコライス（MucoRice-CTB）」を共同研究開発しています。

ムコライスは、下痢症の原因となるコレラ毒素のＢサブユニットをワクチン抗原としてイネに発現させたコメ型経口ワクチンです。2021年６月にヒトでの有効性（免疫原性）、安全性、忍容性が確認されました。

ワクチンは、冷蔵保存およびコールドチェーンが必要で、注射器での接種が一般的ですが、コレラ菌感染症が蔓延している発展途上国では、冷蔵保存およびコールドチェーンが必要なく、感染性医療廃棄物となる使い捨て注射器・針も出ないワクチンが求められています。

ムコライスは、MucoRice-CTBをPBS（リン酸緩衝生理食塩

---

25 Yuki, Y., Nojima, M., Hosono, O., Tanaka, H., Kimura, Y., Satoh, T., Imoto, S., Uematsu, S., Kurokawa, S., Kashima, K., Mejima, M., Nakahashi-Ouchida, R., Uchida, Y., Marui, T., Yoshikawa, N., Nagamura, F., Fujihashi, K. and **Kiyono, H.** 2021. Assessment of oral MucoRice-CTB vaccine for the safety and microbiota-dependent immunogenicity in humans: A randomized trial. Lancet Microbe. 2: e430.

26 Kiyono, H., Yuki, Y., Nakahashi-Ouchida, R. and Fujihashi, K. 2021. Mucosal vaccines: wisdom from now and then. International Immunology. 33: 767-774.

水）に溶かして飲み、常温保存が可能であり、コールドチェーン不要であるため、ワクチンを安価に供給できるようになる可能性があります。また、栽培技術の確立によりムコライスの量産化が実現化すれば、さらに医療費の軽減につながる可能性があります。

Fig4-6 ● コメでつくった飲むワクチン「ムコライス」（MucoRice-CTB）

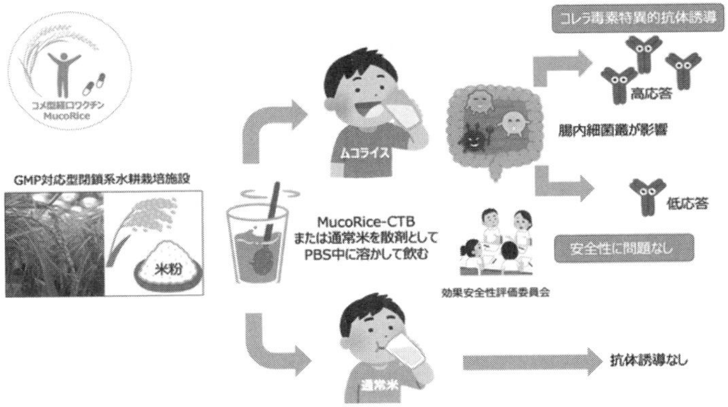

（出典） Yuki, Y., Nojima, M., Hosono, O., Tanaka, H., Kimura, Y., Satoh, T., Imoto, S., Uematsu, S., Kurokawa, S., Kashima, K., Mejima, M., Nakahashi-Ouchida, R., Uchida, Y., Marui, T., Yoshikawa, N., Nagamura, F., Fujihashi, K. and **Kiyono, H.** 2021. Assessment of oral MucoRice-CTB vaccine for the safety and microbiota-dependent immunogenicity in humans: A randomized trial. Lancet Microbe. 2: e430.

Kiyono, H., Yuki, Y., Nakahashi-Ouchida, R. and Fujihashi, K. 2021. Mucosal vaccines: wisdom from now and then. International Immunology. 33: 767-774.

■■タバコの葉でつくるワクチン

2013年に田辺三菱製薬が子会社化したカナダのバイオテクノロジー企業のメディカゴは、遺伝子組換え技術を使用し、タバコの葉から季節性インフルエンザの予防を目指した植物由来VLPワクチンを量産する技術を開発中です。現行より短期間で製造できるため、新型ウイルスに迅速に対応できると期待されています[27、28]。

また、新型コロナウイルスワクチンの開発にも取り組んでおり、2021年3月においてカナダと米国で最終段階の臨床試験に入っており、現在規制当局による審査が進められており、同年12月17日において植物由来のウイルス様粒子（Virus Like Particle）ワクチン（開発番号：MT-2766）について、承認申請を実施しました。さらには、同社が開発中のCOVID-19ワクチンを、カナダ政府に供給することで合意がなされています[29]。

メディカゴは、タバコの葉にウイルスの遺伝子情報を含む液体を染み込ませ、葉を育てる過程でワクチンのもとになる粒子

---

27 株式会社三菱ケミカルホールディングス「連結子会社（田辺三菱製薬株式会社）のカナダ医薬品会社Medicago Inc.の株式取得（子会社化）に関するお知らせ」

28 田辺三菱製薬株式会社ニュースリリース「季節性インフルエンザの予防をめざした植物由来VLPワクチンの第3相臨床試験開始のお知らせ」（2017年9月27日）

29 田辺三菱製薬株式会社ニュースリリース「世界初の植物由来COVID-19ワクチン候補MT-2766カナダにおいて承認申請を実施」（2021年12月17日）、「植物由来COVID-19ワクチン「COVIFENZ®」（MT-2766）カナダにおいて承認を取得」（2022年2月24日）

（Virus Like Particle）を培養し、刈り取った葉から抽出・精製してワクチンを製造するため、6～8週間という短期間で製造可能です[30]。

■■バイオシミラー

バイオシミラーとは、特許が切れたバイオ医薬品です。昨今、バイオ医薬品の後続品である「バイオシミラー」市場が拡大しています。バイオシミラーは、ジェネリック医薬品とは定義が異なります。ジェネリック医薬品には、特許が切れた先発医薬品と同じ有効成分が同じ量が含まれていますが、バイオシミラーは特許が切れた先行バイオ医薬品とほぼ同じ有効成分が同じ量が含まれています[31]。

バイオ医薬品は、構造が複雑なタンパク質で構成されているため、すべての構造が同一のものを製造することは困難です。そのため、バイオシミラーは、高い類似性を持っている、先行バイオ医薬品と同等の有効性と同等の安全性を持つ薬と定義されています。

バイオシミラーは、先行バイオ医薬品よりも安価に使用することができるため、昨今、大型のバイオ医薬品の特許切れに伴い、市場が拡大しています。日本政府もバイオシミラーの普及

---

30 株式会社三菱ケミカルホールディングスグループファーマサイト田辺三菱製薬「VLPワクチンの技術」

31 厚生労働省主催市民公開講座「バイオ医薬品とバイオシミラーを正しく理解していただくために」講演資料

を推進しているため、製薬会社の研究開発が活発化しています。

■■ 従来の常識を覆すメッセンジャーRNA（mRNA）ワクチン

モデルナ社やファイザー社など、COVID-19のワクチン開発においても活用されたmRNA（メッセンジャーRNA）ワクチンは、従来とは異なる新しい仕組みのワクチンです。mRNAとは、生物の遺伝子情報（設計図）が記録されているDNAからそのデータを転写したもので、生物の構成成分であるタンパク質合成を行う装置まで転写したデータを運ぶ役目を担っています[32]。

従来のワクチン（不活化ワクチン、組換えタンパクワクチン、ペプチドワクチンなど）は、ウイルスの一部のタンパク質を人体に投与することで免疫をつくります。病原体を不活性化あるいは増殖させ、タンパク質を分離する必要があるため開発に時間を要していました。

mRNAワクチンは、ウイルスのタンパク質をつくるもとになる情報の一部を人体に投与することにより、投与した情報をもとにウイルスのタンパク質の一部が体内でつくられ、それに反応して免疫の仕組みが働くことにより、ウイルスを攻撃する

32 国立研究所開発法人日本医療研究開発機構ホームページ「成果情報 mRNAの安定性は遺伝暗号コドンの組み合わせによって変化する。その原因は「リボソームの減速」」

抗体がつくられる仕組みです[33]。ウイルスを不活性化させたり、タンパク質を分離したりする必要がないため、従来のワクチンよりも短期間で開発可能です[34]。

これまで、人工的につくった遺伝物質mRNAを体内に投入すると炎症反応を引き起こし、細胞そのものが死んでしまう可能性があるため、実用化はむずかしいと考えられていました。カタリン・カリコ博士は、2005年にmRNAの一部を別の物質に置き換えることで、炎症反応が抑えられることを発見しました[35]。

カリコ博士の研究成果は、長年評価されないままとなっていましたが、京都大学山中伸弥教授のiPS細胞においてmRNAを使用することで効率的に作製できることが発見され、注目されるようになりました。

2020年、COVID-19のワクチン開発にmRNA技術が適用され、ファイザー社やモデルナ社が開発した新型コロナウイルスワクチンは、わずか数カ月という短い開発期間、臨床試験で94%以上という高い有効性、開発コストの低減化より、従来の常識を覆すワクチン開発技術として期待が高まっています。

---

33 厚生労働省ホームページ「新型コロナワクチンについて」mRNA（メッセンジャーRNA）ワクチンやウイルスベクターワクチンは新しい仕組みのワクチンということですが、どこが既存のワクチンと違うのですか。

34 厚生労働省ホームページ「新型コロナワクチンについて」ワクチンにはどのようなものがあるのですか。

35 NHK特設サイト新型コロナウイルス「“革新的”研究成果がコロナワクチン開発に　女性科学者の思い」（2021年５月27日）

mRNA技術は、今後、インフルエンザやマラリア、HIVなどのワクチンに対する応用が期待されており、世界中で開発競争が勃発しています。mRNAワクチンは、海外企業では実用化されていますが、国内企業ではまだ開発中の段階で、国内企業初のmRNAワクチン開発が待ち望まれています。

さらには、生物の遺伝子情報のコピーであるmRNAがあれば、原理的にはどんなタンパク質も創り出すことが可能であるため、ワクチン開発だけではなく、欠損または傷ついた組織を修復または増強させる再生医療や、がん、希少疾患治療など、mRNA技術の治療への応用が期待されています。

COVID-19ワクチンの成功により、現在、mRNA医薬分野に巨大な投資が流れ込んでいます。今後、さまざまなmRNAワクチンや医薬品が開発されていくことでしょう。まさに、mRNA医薬時代の幕開けです。

■■ゲノム創薬

ゲノム創薬とは、ゲノム情報を活用して疾病の原因となる遺伝子やその遺伝子がつくるタンパク質情報を探し、当該タンパク質に結合する分子や抗体から薬を創る方法です[36]。ゲノム創薬は、従来の創薬方法とは異なり、遺伝子情報から当該疾病に関連するターゲットとなる遺伝子を同定してから創薬開発でき

36　一般財団法人バイオインダストリー協会ホームページ「みんなのバイオ学園」「創薬技術と医薬品の進歩」

るため、従来よりも開発期間が短縮化されます。

また、特定の疾病にあわせて薬を効率よく開発できるだけではなく、特定の疾病や対象患者の遺伝子情報を活用して開発されるため、副作用が少なく効果が高い創薬開発が期待できます[37]。

以上のことからゲノム創薬への期待は高く、欧米の製薬会社は、ゲノム創薬の開発に積極的に着手していますが、日本国内の製薬会社はゲノム編集技術の使用に関して二の足を踏んでおり、基礎研究にとどまっている状況です。

日本でゲノム編集技術に対する導入が進んでいない理由としては、主に2点あります。1つは、2000年に成立した国際的な枠組みのカルタヘナ法への批准です。日本は医療技術に対しても対象としているため、ゲノム編集の導入に関しては高いハードルがあります。2つ目は、誕生したばかりのゲノム編集技術に対する安全性への懸念です。

製薬会社が参入を見合わせているなか、2020年1月に伊藤忠商事は筑波大学発のスタートアップiLAC（アイラック）と資本業務提携し、国内初の全ゲノム解析プラットフォームの構築を検討しています[38]。また、製薬企業とのデータ連携による創薬支援や、健診データと組み合わせた予防事業への展開等、ゲノム関連事業の産業化を目指しています。

iLACは、国内最大規模の遺伝子の塩基配列を高速で解読す

---

37 中外製薬株式会社ホームページ「ゲノム創薬のメリットとは？」
38 伊藤忠商事株式会社プレスリリース「全ゲノム解析スタートアップiLAC社との資本業務提携について」（2020年1月7日）

ることができる装置（次世代シークエンサー）を運用し、生体内の代謝によって生じる物質（代謝産物）と、ゲノム情報とその他の情報（タンパク質や臨床情報）などとあわせて複合的に解析を行う、統合解析が可能な唯一の全ゲノム解析の技術を擁する国内スタートアップです。

伊藤忠商事は、個人レベルで最適な治療方法を分析・選択する個別化精密医療の事業展開を進めようとしています。

ゲノム創薬により個人の体質や疾病の特徴にあったテーラーメイド医療が可能となり、今後の医療を大きく変えていきます。

人体の90%を構成する微生物

人体の90％は100兆個を超える微生物でできています。ヒトの遺伝子は約２万2,000個と、約３万個の遺伝子を有するミジンコ、約４万個の遺伝子を有する植物イネなどよりも圧倒的に少ないです。

それは、ヒトは約２万2,000個の遺伝子だけで身体を維持しているのではなく、100兆個の微生物と共生しているからです。ヒトの遺伝子数は、共存している微生物の約0.5％しかありません。

ヒトの全身の上皮（口耳鼻腔、皮膚、消化器など）に存在している微生物の集合体は、ヒトマイクロバイオームといわれています。腸内にはヒトの細胞数に近い約40兆個の細菌が存在し、腸内細菌が集合体で存在している状態を腸内フローラ（腸内細菌叢）と呼びます[39]。

腸には脳に次ぐ多くの神経細胞が存在し、感情にも深くかかわるため「第二の脳」といわれています。腸の不調が脳に反映され、脳に受けたストレスなどの影響は腸に反映されるように、脳と腸が密接に関係していることは脳腸相関と呼ばれています。

また、腸にはヒトの免疫細胞の60％以上が存在し、腸内環境の悪化は免疫力の低下につながります[40]。加えて、自律神経と腸の動きも大きな関係があり、副交感神経が優位なときには蠕動運動が活発化し、腸内環境が整えられます[41]。

さらに、代謝調整、免疫細胞の活性化、炎症抑制作用だけではなく[42]、腸内細菌は、人間が分解できない食品成分を分解してビタミンやアミノ酸に変換し、栄養として体内に吸収することを助けています[43]。腸内フローラはヒトの人体維持に不可欠

39　ビオフェルミン製薬株式会社ホームページ「腸内フローラと腸管免疫の関係」

40　大正製薬ダイレクト健康お役立ち情報「体の中から健康に！　腸内環境を整える」

41　前掲脚注40

42　国立研究開発法人日本医療研究開発機構ホームページ「成果情報　腸内細菌により作られるオメガ3脂肪酸代謝物αKetoA（アルファケトエー）の抗炎症作用 アレルギー性皮膚炎や糖尿病を抑制―食と健康をつなぐ腸内細菌の働きを解明“ポストバイオティクス”―」

な存在です。

2003年にヒトゲノムプロジェクトによってゲノム解析が完了しましたが、それだけでは疾病原因が解明されることに至りませんでした[44]。その原因の１つは、遺伝子よりもはるかに多い微生物が構成されていることにあります。

特にヒトの人体に共生する腸内フローラは、疾病にも大きく影響していることがわかってきました[45]。最近の研究では、認知症や肥満、糖尿病、動脈硬化、潰瘍性大腸炎、過敏性腸症候群、花粉症やアトピー性皮膚炎などのアレルギー、気管支ぜんそく、リウマチ、パーキンソン病、クローン病、自閉症やうつ病などにも影響しているという論文が発表されています[46、47]。さらには、腸内細菌叢の除去が睡眠の質を低下させる可能性を示す研究論文が発表されています[48]。

この点に目をつけた米国のViome社は、腸内細菌を調べるマ

43　渡部恂子「腸内糖代謝と腸内細菌」腸内細菌学雑誌19巻３号169-177頁（2005年）

44　Xu Xun「ゲノミクス革命：その発展は始まったばかり」WORLD ECONOMIC FORUM

45　清水純「腸内細菌と健康」（厚生労働省ｅ－ヘルスネット）

46　Naoki Saji, Kenta Murotani, Takayoshi Hisada, Tsuyoshi Tsuduki, Taiki Sugimoto, Ai Kimura, Shumpei Niida, Kenji Toba, Takashi Sakurai, The relationship between the gut microbiome and mild cognitive impairment in patients without dementia: a cross-sectional study conducted in Japan., Scientific Reports,18 December 2019

47　伊藤裕「腸内細菌と疾患　4）腸内細菌と肥満」日本内科学会雑誌105巻９号1712-1716頁（2016年）

48　小川雪乃ほか「慢性的抗生物質投与による腸内細菌叢枯渇はマウスの睡眠覚醒構造と睡眠脳波パワースペクトルを変化させる」Scientific Reports（2020年11月11日）

イクロバイオームテストと、その結果に基づいた食事のアドバイスをアプリで提供しています[49]。腸内細菌の状態を分析することにより疾病を引き起こす原因を特定し、普段の生活において摂取すべき食べ物、避けるべき食べ物を明確にします。このテストにより、一般的には身体によいとされている食べ物、普段自分が食べている食べ物が自分の腸の状態にあっているかどうかがわかります。

食を通じて腸内環境をコントロールすることにより、さまざまな疾病が改善される可能性が出てきています。さらには、一部の疾患においては、健康な人の糞便中に含まれる腸管内微生物を患者に移植する糞便微生物移植法による治療も可能となっています[50]。

人種によっても腸内細菌には特徴があり、世界的にみても日本人の腸内細菌は独特で、海藻を分解できる腸内細菌や酢酸をつくる腸内細菌が多いことは日本人特有だそうです[51]。さらには、人種だけではなくアスリートの腸内細菌もアマチュアと比較すると特有の細菌が存在していることがわかってきました。2019年に米国のハーバード大学などが、アスリートの腸内には、運動能力や持久力を高める細菌が棲息していると発表しま

---

49 https://www.viome.com

50 水野慎大ほか「糞便微生物移植の現状と未来」日本内科学会雑誌107巻10号2176-2182頁（2018年）

51 大塚製薬株式会社ホームページ乳酸菌B240研究所健康コラム「腸内フローラ（腸内細菌叢）を整えるのが健康のカギ」

した[52]。

腸内環境のコントロールにより、疾病の治療だけではなく、アマチュアがアスリートとの距離を縮められる可能性も出てきているということです。後述する遺伝子ドーピングを行わなくても、身体能力を向上させられる時代が目の前にきています。

遺伝子ビジネス

1980年代後半より、人間の遺伝子情報を明らかにし医学分野で役立てようと、約30億塩基対あるヒトの全塩基配列を解読する国際計画に関する議論が開始され、米英日など６カ国が協力し、2003年にヒトゲノム計画が完了しました。

ヒトの遺伝子は約99.9％が同じで、残り0.1％の違いが肌や眼、髪の色、身長、体質、性格などの個性を生み出しています[53]。この違いは、塩基がわずか１カ所異なるだけで、その人の特徴を決めています[54]。最近では、人間の性格と遺伝子に関

52 Mohr, A.E., Jäger, R., Carpenter, K.C. et al. The athletic gut microbiota. J Int Soc Sports Nutr 17, 24（2020）

53 中村祐輔「ヒトゲノム解析計画と21世紀の医療　薬理学の新世紀を拓く」日本薬理学雑誌114巻３号（1999年）

54 東邦大学ホームページ「たった１塩基の違いで分かれる未来」

連する研究も進んでいます。

ヒトゲノムの解析が完了したことにより、病気の原因を遺伝子レベル、分子レベルで解明できるようになり、同じ病気でも人によって病気の進行の早さや有効な治療法に違いがあることがわかってきました。

さらには、遺伝子情報により、瞬発系、パワー系、持久系など向いている競技があることがわかってきています。

最近では、遺伝子情報によって筋肉のつき方が違う点に目をつけ、個人の遺伝子情報にあわせて練習メニューを組み立てるサッカークラブも出てきています。いわきFCでは、トレーニングの効果を最大化するため、各選手の遺伝子情報にあわせたトレーニングを実施しています。まさに、究極のデータを通した見える化による科学的な根拠データに基づいた「フィジカル革命」です。

上述のとおり、ヒトの遺伝子情報とさまざまな身体的特徴との関係性に関する研究が急速に進んでおり、近い将来、保険会社や医療機関が、個人のヒトゲノム解析データを活用し、保険査定や疾病予防サービスなど、新しいサービスを提供し始める時代がきています。

現段階で遺伝子異常と病気の発症との因果関係が明確な疾病もあります。われわれは自分のヒトゲノム解析データを活用して予防することも可能ですし、より健康になることも可能となります。

一方、遺伝子情報は非常にセンシティブな情報で、差別にもつながりかねません。本人だけではなく家族・親戚にもかかわってくるため、慎重な対応をとる必要があります。

■■リキッドバイオプシー

リキッドバイオプシーは、血液などの体液による組織を採取した検査のことで、少量の血液から血液のなかにあるがんのゲノム異常を検出する検査テクノロジーで、深層学習技術などを取り入れることで診断精度の向上を図っています[55]。

従来の腫瘍組織採取による検査は患者への侵襲が大きく、腫瘍の発見が遅れる可能性が高かったのですが、身体に負担の少ない簡易な方法であることにより受診しやすくなり、早期発見につながっています[56]。

現在、世界で10社以上の企業が研究開発を進めており、米国Galleriのリキッドバイオプシーは、微量の血液で50種類のがんを検出でき、臨床試験以外で受けることが可能です[57、58]。ほかにも、米国のFreenomeやGuardant Healthなど、さまざま

---

55 国立研究開発法人国立がん研究センター・国立研究開発法人日本医療研究開発機構プレスリリース「消化器がんのがんゲノム医療のさらなる発展　リキッドバイオプシーによるゲノム解析の有用性を証明へ」

56 前掲脚注55

57 E. A. Klein et al., Clinical validation of a targeted methylation-based multi-cancer early detection test using an independent validation set, Annals of Oncology, Annals of Oncology Volume32 Issue9（2021）

58 経済産業省第１回医療機器・ヘルスケア開発協議会資料２「医療機器・ヘルスケア開発注目すべき研究開発動向」JST研究開発戦略センターライフサイエンス・臨床医学ユニット島津、中村、宮薗（2021年３月31日）

なスタートアップが、少量の血液検査で「がん」を早期発見できる夢のテクノロジーを開発中です[59]。

■■遺伝子ドーピング

バイオテクノロジーの進展により、赤血球を増やす物質エリスロポエチンなど、再生医療技術を活用し筋力増強や持久力強化に関連する物質を増殖させて体内に戻す「遺伝子ドーピング」が可能となっています。

「遺伝子ドーピング」とは、遺伝子を細工した細胞やDNAを体に入れることにより、筋力増強や持久力強化を図り、運動能力を向上させることです。遺伝子ドーピングは、薬物のように採取した尿や血液には出てこないため、検査で発覚する可能性は低いとされています[60]。

遺伝子ビジネスの進展状況を踏まえ、2003年に国際オリンピック委員会などの規則において、遺伝子ドーピングが禁止されました。2018年には、世界反ドーピング機関は、遺伝子を改変する「ゲノム編集」を禁止事項に追加しました。

---

59 国立研究開発法人科学技術振興機構研究開発戦略センター「調査報告書　近年のイノベーション事例から見るバイオベンチャーとイノベーションエコシステム～日本の大学発シーズが世界で輝く＆大学等の社会的価値を高めるために～」(2021年７月)

60 Aoki K, Sugasawa T, Yanazawa K, Watanabe K, Takemasa T, Takeuchi Y, Aita Y, Yahagi N, Yoshida Y, Kuji T, Sekine N, Takeuchi K, Ueda H, Kawakami Y, Takekoshi K. 2020. The detection of trans gene fragments of hEPO in gene doping model mice by Taqman qPCR assay. PeerJ 8:e8595

現在の課題は、遺伝子ドーピングの検出方法が確立していないことです。現在、尿や血液から検出するリキッドバイオプシーと呼ばれる検出方法の研究が進められています。東京2020夏季オリンピックでは、遺伝子ドーピングの検査が試験的に導入されており、2021年11月に北京2022冬季オリンピックでの正式導入が確定しました。

遺伝子で究極の健康管理
——薬ではなく健康になることを売る時代

■■身近になったパーソナルゲノム解析

血液型や誕生日と同様、誰もが個人のゲノム（全遺伝情報）を知っていることが当然の時代が到来しようとしています。ゲノム解析技術の発展で、個人の遺伝子を短時間かつ安価に解析できるようになりました。

１人当りのゲノム解析コストはここ20年近くで約100億円から数十万円程度まで下がり、いまや遺伝子検査キットはインターネットから数万円で手軽に購入できます。疾患は遺伝的要因と環境要因の掛け合わせで発生しますが、遺伝子検査でがんや糖尿病などの疾患、肥満傾向などの体質に関して遺伝的な傾向を把握することができます。

最近では、健康な人でもDNAを解析により、がんの発症に係る遺伝子の変異が起き始めていることがわかるようになりました。近い将来、遺伝子の変異度合いにより、いつくらいに、どのくらいの確立でがんが発症するかを予測できるようになります。

パーソナルゲノムを解析し、自分の遺伝的な疾病の要因を知ることができれば、未病の段階で食事や運動により環境要因リスクを下げることができます。これまでのような発症後での治療中心ではなく、発症前から予防措置をとることができるようになり、予防中心にシフトできます。これまでの予防医療が劇的に変わります。

■■日本の社会保障制度維持にも必要な予防措置

日本の国民医療費は2019年度に過去最高の約44.4兆円となりました。これは、前年度の43.4兆円に比べ2.3％の増加、人口1人当りの国民医療費は35万円、前年度の2.5％の増加となっています[61]。

厚生労働省の試算では2040年には66兆円を超える見通しで、現在の社会保障の質を保つには医療費の削減は喫緊の課題となっています。パーソナルゲノムを解析し、個人の遺伝的な疾患リスクを管理することは、医療費削減にもつながります。

また、他国が経験したことのない超高齢社会を迎えている日

61　厚生労働省「令和元（2019）年度 国民医療費の概況」

本にとっては、医療費の削減だけではなく、医療現場の負担軽減へつながることも期待されています。

世界的にみても心血管系疾患やがん、慢性呼吸器疾患、糖尿病などの慢性疾患が増加しており、これらが世界の死亡原因の7割以上を占めている状況です[62]。慢性疾患の増加により、日本のみならず、世界的にも医療費は増加傾向にあり、予防・疾患管理が重要になってきていることは、言わずもがなかと思います。

このような社会情勢を背景に、個別化予防への移行が加速しており、日本はまだ黎明期ですが、米国を中心に体質や多因子疾患の罹患リスクなど、消費者向けの遺伝子解析ビジネスが急速に拡大しています。

個人の遺伝子情報を把握できるようになり、個人の体質や健康状態にあわせた食や生活習慣を見直すサービス提供が可能となりました。身体の状態にあわせて食や日々の運動、過ごし方

Fig4-7● 予防中心の医療にシフト

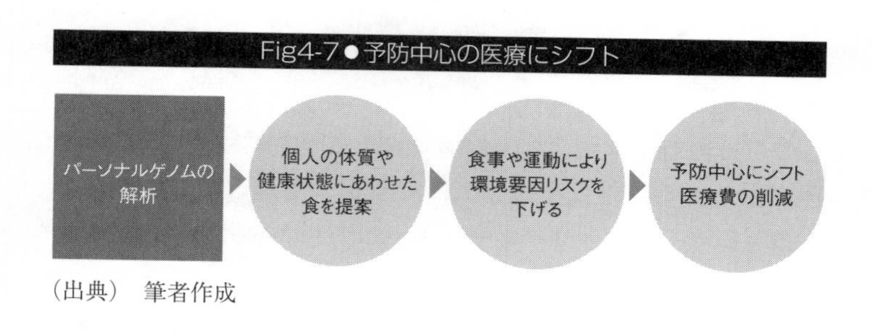

（出典） 筆者作成

62 厚生労働省ホームページ「慢性疾患対策の更なる充実に向けた検討会検討概要」

など、新たな介入を提案し続けることにより、ライフケア、ヘルスケア、シックケアまでをカバーする総合的なサービスが重要になってきています。薬や治療ではなく健康になることを売る時代への突入です。

このように、パーソナルゲノムを活用した研究開発や新たなビジネス創造が進んでいくのは間違いない方向だと思われますが、日本では倫理的な問題や遺伝子差別、個人情報管理など制度が未整備の状況です。

将来病気になる可能性などがわかる遺伝子情報は、究極の個人情報ともいえます。倫理的な問題や遺伝子差別につながるおそれもあります。社会全体で考え、問題が起きないように制度として整えておくことが欠かせません。

実際、米国では雇用における遺伝子差別が社会問題となり、2008年に遺伝子情報差別禁止法が制定されました。EUもEU基本権憲章（2000年）で遺伝的特徴に基づく差別を禁止しています。しかし、日本では未整備の状況です。

技術的に身近になりつつある個人のゲノム解析は、これまで予測できなかった自分の疾患リスクを事前に把握できるものです。倫理面などの問題を乗り越え個人のゲノムを上手に活用できるようになれば、国全体の医療費を下げながら、個人が健康的に生活できるようになります。他国が経験したことのない超高齢社会を迎えている日本こそ、いち早く法制度を整え、他国に先んじて取り組むべきテーマといえます。

遺伝子を手術する時代へ

遺伝子治療は最初、塩基配列に異常があり、ある種のタンパク質が生成されないことで起こる病気で起こる遺伝性疾患の人を対象として行われました[63]。

遺伝子治療にはさまざまな方法がありますが、主な手法としては対象患者の骨髄から幹細胞を取り出し、健康なヒトから抽出した正常な遺伝子を細胞核のDNAに組み込み、その細胞を培養した後、対象患者の身体に戻す方法です[64]。これにより、体内で正常な遺伝子が働きだし、これまで生成されなかったタンパク質がつくられるようになります[65]。

昨今では、遺伝子を自在に編集できる「ゲノム編集」の実用化競争が激しくなっています。特に活発なのが、医療分野で、国内外の研究機関や企業が開発を急いでいます。

ゲノム編集は遺伝子の膨大な情報のなかからねらったところをピンポイントで書換えできる技術です。従来の遺伝子操作技術では、１回の操作で必ずしもねらった部分を改変できず膨大な時間と手間がかかるうえに、意図しない部分が書き換えられてしまう問題もありましたが、ゲノム編集の登場によりこの問

---

63 中外製薬株式会社ホームページ「遺伝子治療とは？」
64 前掲脚注63
65 前掲脚注63

題が解決し、医療・医薬品・ヘルスケア分野における実用化が大きく前進しました。

ゲノム編集の歴史は比較的新しく、2012年に「CRISPR-Cas9」という手法が登場して大きく進展しました。簡単・安価に、改変する遺伝子情報の場所を特定し、削除、置換、挿入することができ、細菌から動植物まで広く応用できることから、一気に広まりました。

また、遺伝子解析技術の進展により、当初約10億円かかっていたゲノム解析コストが大幅に低廉化したことも、遺伝子治療の可能性が広がった大きな要因の１つです。2000年には約１億ドル、現在では約1,000ドルと10分の１まで低減化され、数年以内に約１万円まで下がると見込まれています。

世界の死亡原因７割を占める慢性疾患（がん、糖尿病、心疾患等）のなかには、遺伝疾患（がん、躁うつ病、糖尿病等）も多く、米国や中国、日本ではゲノム編集技術を活用して、血友病や筋ジストロフィーなど遺伝性の難病の治療にも期待されています。また、血液病や肝臓病、眼病など遺伝性疾患への早期応用が期待されています。

医療への応用は、細胞のなかの病気の原因となる異常な遺伝子をゲノム編集で働かなくさせたり、正常な遺伝子に置き換えたりして治療します。その際、体内で直接細胞の遺伝子にゲノム編集を施す方法と、細胞をいったん体外に取り出して遺伝子を改変してから体内に戻す方法があります。体外で行うほうが正しく改変できた細胞を選べるためハードルが低く、海外では白血病などの治療に応用する研究が活発になっています。

日本でも東京薬科大学の根岸洋一教授が、遺伝子異常でタンパク質がうまくつくれなくなる筋ジストロフィーを発症したマウスにゲノム編集技術を適用し、正常なタンパク質量の10%の回復に成功しました[66]。ゲノム編集は、対症療法的な治療とは異なり、遺伝子自体を治療するため持続的な効果を得ることができます。

CRISPR-Cas9は、誕生からわずか数年でさまざまな分野の研究開発に応用されるようになりました。たとえば、臓器移植の提供者不足を解消する手段としても有望視されています。ブタの体内でヒトの臓器を作製する研究が進んでおり、日本では膵臓をつくる研究に明治大学と東京大学が共同で取り組んでいます[67]。

ゲノム編集技術は加齢に抗うことも可能とします。米ソーク研究所のベルモンテ教授は、「早老症」を患ったマウスの遺伝子配列を整え、45%の延命に成功しました[68、69]。老化の原因となるゲノムの変化に技術を応用すれば、加齢や病気の発症を遅らせることも可能です。

---

66 日本経済新聞「医ノベーション(3)寿命は自分で選ぶゲノム編集が導く超進化論」(2019年10月15日)

67 国立研究開発法人科学技術振興機構プレスリリース「すい臓のないブタに健常ブタ由来のすい臓を再生することに成功」(2013年2月19日)

68 大阪大学研究ポータルサイトResOU「あらゆる組織の難治性遺伝病を治療可能に!? 全身性ゲノム編集治療技術『SATI』を開発」(2019年8月26日)

69 Nick Lavars「Anti-aging molecules safely reset mouse cells to youthful states」NEW ATLAS(2022年3月7日)

「疾患のロングテール」を解消する遺伝子治療薬

遺伝子治療の発展により、これまで患者数が少ないため、創薬開発や治療方法の研究に取り組むことがむずかしかった希少疾患も治療できる可能性が出てきています。実は、約1万種あるといわれるヒトの疾病のうち約7,000種は希少疾患にあたり、その95％は治療法が確立されていません[70]。希少疾患の多くは、遺伝子の変異が原因で引き起こされています。

各疾患の患者数は少ないものの、すべての希少疾患をあわせると世界で約4億人の患者が存在しており、Amazonのロングテール戦略ならぬ、疾患のロングテールといわれています。

遺伝子治療は、特定の遺伝子に対して効率的に治療を行えるため、治療がむずかしかった疾患のロングテールの治療が可能となります。疾患のロングテールの治療を可能としたのが、CRISPR-GNDMというゲノム編集技術です。

ヒトの体は、皮膚・肝臓・腸などのさまざまな組織や細胞から構成されていますが、基本的にはどの細胞も同じ遺伝情報を持っています[71]。それにもかかわらず、別々の細胞になるのは、DNAには遺伝子発現を制御・伝達するシステム（エピジェ

70　Miyamoto and Kakkis, Orphanet Journal of Rare Diseases, 2011, 6:49; Global Genes, RARE　Facts：https://globalgenes.org/rare-facts/（参照：2019年12月1日）

ネティックス)、つまり使用する遺伝子と使用しない遺伝子を切り替えるスイッチのような仕組みがあるからです。

このスイッチのON/OFFにより、体質や能力、病気のなりやすさなどが変化します。遺伝子疾患の原因の１つは、スイッチのエラーにより細胞が余分な働きをしていたり、欠けたりすることです[72]。

最近では、遺伝子のスイッチを切り替えることにより、疾病の治療や予防だけではなく、記憶力の向上や若返り、持久力の向上など、能力や体質などに係る研究も盛んに行われています。

CRISPR-GNDMは、このエピジェネティックスに着眼したゲノム編集技術です。CRISPR-GNDMは、東京大学の濡木理教授が研究していた“改変型Cas9”を元に、モダリスが開発した、遺伝子を切ることなく自由に改変できるゲノム編集技術「切らないCRISPR」です。モダリスは、東京大学の成果技術を社会実装するベンチャー企業です。

CRISPR-GNDMは、誤った遺伝子を切断するリスクを回避するため、CRISPR-Cas9のようにねらった遺伝子を切断するのではなく、ねらった遺伝子のスイッチのON/OFFを制御します。遺伝子のスイッチのON/OFFを行うことにより、必要に応じて疾患の原因となっている不足タンパク質を作製させた

71　一般財団法人バイオインダストリー協会ホームページ「遺伝子の神秘に迫ろう！」

72　久保田健夫、伏木信次「エピジェネティクスのオーバービュー」脳と発達41巻３号203-207頁（2009年）

り、異常なタンパク質の生産を停止させたりすることが可能です。

また、CRISPR-GNDMには、エラー箇所が複数あり、患者によりバラバラであるため、CRISPR-Cas9では治療がむずかしい先天性の筋ジストロフィーなどの疾病に対して非常に有効です[73]。また、疾病の治療に使用する基本的なパーツが同じであるため、さまざまな疾病に転用可能です[74]。

不老長寿
──寿命は自分で選ぶ時代の到来

加齢は万病のもといわれていますが、老いに抗える時代が目の前に到来しています。加齢をコントロールすることができれば、一部の疾病は治療をしたり、発病を遅らせたりすることが可能となり、さらには予防をすることも可能となります。

ゲノム編集技術、遺伝子解析技術の進展により、医療・創薬・ヘルスケアは、急速なディスラプションのさなかにいます。不老長寿は人間の永遠のテーマでしたが、医療や創薬だけ

73 東京大学ホームページ「ゲノム編集技術で拓く希少疾患治療薬への道 Entrepreneurs 01」
74 株式会社モダリスホームページ
https://www.modalistx.com/jp/business/model/

ではなく、生物の自然の摂理である加齢に対しても、再定義が始まっています。

老化は誰もが逃れられない運命でしたが、昨今、老化は治療できる病気であるとされ、だまって受け入れる運命ではなくなってきており、不老長寿ビジネスとして投資家や大企業から大きな関心を集めています。

寿命に関連している遺伝子やタンパク質は1990年代頃から解明されてきており、最近ではこれらの遺伝子を操作したり、関連するタンパク質を作製したりすることによる不老長寿ビジネスが展開され始めています。

老化を遅らせ、寿命を延ばすサーチュイン遺伝子は、2000年に米国のマサチューセッツ工科大学のレオナルド・ガレンテ教授と現ワシントン大学医学部発生生物学部の今井眞一郎教授により発見されました[75]。

サーチュイン遺伝子には、SIRT 1からSIRT 7まで7種類があり、特にSIRT 1は代謝や記憶、行動制御など、老化や寿命のコントロールに深く関与していると考えられています。サーチュイン遺伝子を活性化させれば老化や寿命の制御が期待できます。サーチュインの活性化物質は、体内で長寿遺伝子群にかかわるとされる酵素、NAD（ニコチンアミドアデニンジヌクレオチド）です。加齢とともに細胞内でつくられるNADの量が減少し、サーチュインの働きも低下します。

75　natureダイジェスト「老化を制御し、予防する」（今井眞一郎教授インタビュー）

NADを増やすためには、運動やカロリー制限、ビタミンB3（ナイアシン）の摂取などが効果的であるとされています。NADはNMN（ニコチンアミドモノヌクレオチド）を原料として細胞内でつくられ、ビタミンB3からは、NMNやNR（ニコチンアミドリボシド）が合成されるため、NMNやNRが注目されており、米国では手軽に摂取できるサプリメントが販売されています。

また、エイミー・ウェイジャーズは、血液中のGDF-11タンパク質が脳神経細胞の増加に寄与していることを発見し、2014年に学術誌サイエンスで発表しました[76]。

2016年には、Hongbo Zhangは学術誌サイエンスにおいて、NRを投与したマウスは筋力が増え、寿命が延びたことを発表しています[77]。

米国のハーバード大学のデビッド・シンクレア教授は、老化のメカニズムを発見し、老化は病気であるため治療できるといわれています[78]。デビッド・シンクレア教授は、老化により遺伝情報が失われたのではなく、エピゲノムが変化したことが原因であることを発見しました[79]。エピゲノムは、先に述べた遺

---

76 Lida Katsimpardiほか「Vascular and Neurogenic Rejuvenation of the Aging Mouse Brain by Young Systemic Factors」Science Vol 344, Issue 6184 , pp.630-634 ,9 May 2014

77 Hongbo Zhangほか「NAD^+ repletion improves mitochondrial and stem cell function and enhances life span in mice」Science Vol 352, Issue 6292 , pp.1436-1443, 28 Apr 2016

78 デビッド・A・シンクレア＝マシュー・D・ラプラント『LIFESPAN（ライフスパン）：老いなき世界』（東洋経済新報社、2020年）

79 前掲脚注78

伝子発現を制御・伝達するシステム（エピジェネティックス）の情報の集まりのことです[80]。

エピゲノムは、DNAと違って化学物質、ストレスなど、外部からの刺激などの要因で変化します[81]。エピゲノムが変化することにより、遺伝子発現をうまく制御・伝達できなくなり、本来の機能を果たせなくなることがわかってきました[82]。これが老化現象です。つまり、老化現象の根源であるエピゲノムが正しく機能されるようにすれば、老化を防ぐことが可能です[83]。

エピゲノムが正しく機能されるようにするためには、エピゲノムをコントロールしているサーチュイン遺伝子を活性化することにより、長寿遺伝子群が発現されることがわかってきています[84]。これまで加齢と老化はセットであると考えられてきましたが、老化が治療できる疾病となれば、「加齢＝老化」ではなくなります。

世界中で不老長寿に関する研究開発が進めされており、まさに寿命は自分で選ぶ時代が到来しています。

80　国立研究開発法人日本医療研究開発機構ホームページ「アーカイブインタビュー No.8「エピゲノムからみたゲノム医療」」

81　国立研究開発法人日本医療研究開発機構ホームページ「成果情報　細胞老化の多様性とそのメカニズムを提唱―代謝とエピゲノムによるバリエーションの形成―」

82　国立研究開発法人日本医療研究開発機構ホームページ「成果情報　細胞老化を防ぐ酵素「NSD2」を発見―老化をコントロールできる時代に向けて―」

83　前掲脚注82

84　https://kaken.nii.ac.jp/ja/grant/KAKENHI-PROJECT-19K22818/

データ駆動型農業との融合

食農分野にICT/IoT、AIなどのテクノロジーが導入され、デジタルデータの蓄積が進むとともに、デジタルデータを介して流通、医療、環境・エネルギーなど、食農分野とさまざまな分野が融合する“データ駆動型農業”へと転換が図られています。これにより、新たな価値創造やこれまでにないビジネスモデルの創出など、ゲームチェンジが起ころうとしています。

いち早くデータ駆動型経済の形成に取り組んできたEUでは、官民連携プログラムによりスマートシティ、ヘルスケア、メディアコンテンツ、流通、交通、農業など、さまざまなデータが蓄積されるプラットフォーム（IoF2020）を構築し、分野に依存しないデータの利活用を進められています。日本では、フードバリューチェーンの最適化と農業データ連携基盤の整備を始めたばかりです。

他分野同様、食農分野においても、インベンションのハードルが低くなるのに相反して、イノベーションが生まれにくく、技術だけではビジネス化に結びつけることがむずかしくなっています。また、消費者ニーズの多様化・複雑化により、食農分野においても新しい価値観やライフスタイルの提供が求められています。

これまでの垂直統合的な発想ではなく、複合的な分野・領域

Fig4-8●生物機能の高度活用による食関連ヘルスケア産業の振興イメージ

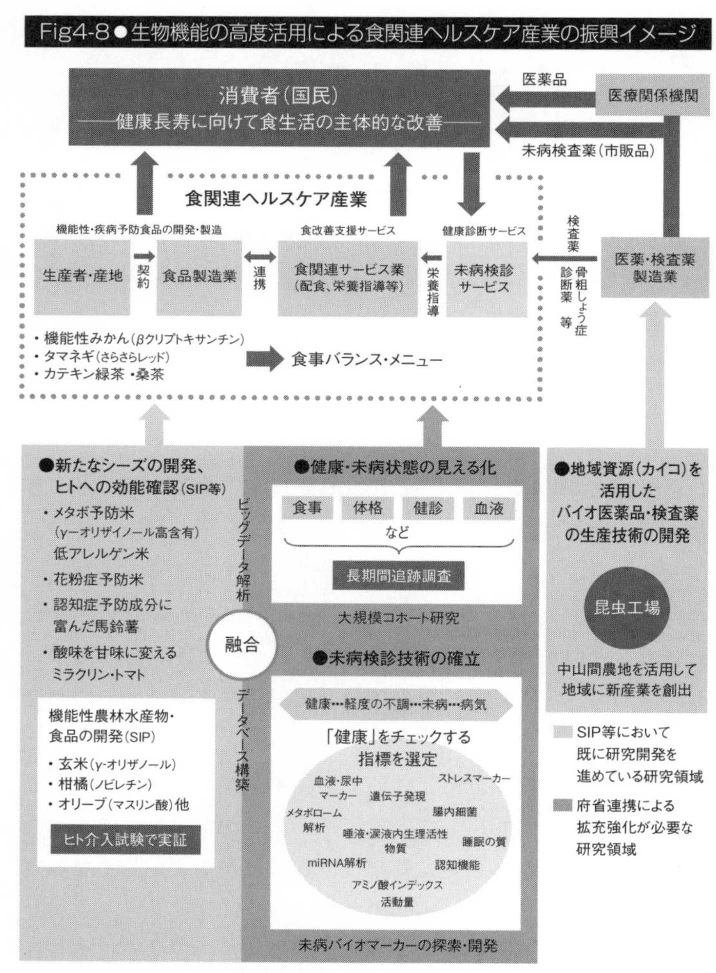

(出典)　内閣府科学技術イノベーション官民投資拡大推進費ターゲット領域検討委員会(第3回)(平成29年3月15日)資料3－4

の掛け合わせによる価値創造が重要であり、従来のパイプライン型のチェーンではなく、さまざまなプレイヤーおよび産業と複合的にリンケージし、これらのデータをエンジンとして活用する“データ駆動型農業”に転換することで、成長産業へと発展させることが求められています。

ゲノム編集技術とウェアデバイス技術の進展により、コラーゲンが豊富な魚や血圧を下げる効果があるトマトなど、その日の自分の体調にあわせて農作物や水産物を摂取し、健康管理する日は、そう遠くない将来に実現しそうです。

ゲノム編集技術における倫理的問題

世界的な課題は、技術の進化に対して倫理観の醸成やルールが追いついていないことです。2018年、中国の研究者が「ゲノム編集ベビー」誕生を発表し、世界中が騒然となったことは記憶に新しいかと思います。受精卵へのゲノム編集はどこまで許されるのでしょうか。

現在、DNAに含まれる遺伝情報に基づき最適な治療を行うゲノム治療推進のための法律は整備中です。「改正個人情報保護法」ではゲノムが個人情報の一種とみなされ、規制の対象となりました。WHO（世界保健機関）や米英の科学者組織などが条件づくりを始めており、厚生労働省も今後ゲノム編集に関する規制のあり方を検討予定です。

「メンデルの法則」発見からわずか１世紀半の研究開発により、ゲノムを解読するだけではなく容易に編集することが可能となったことの社会経済的なインパクトは計り知れません。これまで変えられない「運命」だったはずの遺伝子を操作することにより、身長、肌の色、知能、筋力、性格までも変えることができます。

遺伝子データそのものをどう扱うかも課題となっています。データを集めれば創薬や診断などに役立つ大きな価値を生みます。先天的な病気やがんなども治療できる道筋が開けてきました。

一方、遺伝子情報は個人情報であるため、そこから差別などの問題を生み出さないようルールづくりが必須です。出産や生命保険への加入など、遺伝子情報により新たな差別を生み出しかねません。

また、これまで変えることができなかった"運命"を人為的に変えられるようになると、身長や肌の色、運動能力、知能面など、人間の多様性が損なわれる可能性も出てきます。ある種の遺伝子を排除して多様性が狭まったとき、今後新しい疾病やウイルスに直面した際にヒトの生存率が下がる可能性もあります。

この分野で米欧に遅れをとっていた日本でも、ようやく2018年５月にゲノムを含む莫大な医療ビッグデータを研究開発に効果的に使う「次世代医療基盤法」が施行され、翌月には「がんゲノム情報管理センター」が開所しました。

日本では、2019年12月に国家戦略として、全ゲノム解析等を推進する「全ゲノム解析等実行計画」が策定されました。現在、がんや難病等の医療の発展や、個別化医療の推進等、がんや難病等患者のより良い医療の推進のため、がんと難病の患者を対象として、すべての遺伝情報（ゲノム）を網羅的に調べる全ゲノム解析が開始されています。

2018年に10万ゲノム解析を完了し、2023年までに100万の全ゲノム解析等の実施を目指しているイギリスをモデルとして参考にしています。

構築した全ゲノムデータベースは、研究機関や企業が創薬の開発や予防医療などの研究に活用することを想定しているため、患者のゲノム解析データだけではなく、性別・身長・体重、生活習慣などの個人情報と、治療履歴などの臨床データとが紐づけられた精度が高い情報を収集・蓄積できるかが重要となります。

遺伝子を手術する時代は目前に迫っています。ゲノム編集技術が遺伝子組換えと同じ轍を踏み、社会に受け入れられないまま廃れてしまうことだけは避ける必要があります。しかし、人類は、偉大なテクノロジーを正しく活用することができるのでしょうか。そのためには、需要形成と倫理教育にも取り組む必要があります。

ルール整備と倫理観が追いついていない現状ですが、技術の進展は不可逆的で、さらにあらゆる革新的な技術が次々に生み出されています。

生物の無限の可能性を引き出すバイオテクノロジー

遺伝子はシステム同様にプログラムされ、バグを修正できるようになると考えられます。ゲノム編集技術の進展、CRISPR-Cas9の登場により、文章のごとくあらゆる生物の遺伝子情報を簡単に編集できる時代が目の前にきています。

ゲノム編集により、あらゆる生物が抗うことのできない運命と思われてきた“老化”をコントロールできるようになりつつあります。われわれは、最先端のバイオテクノロジーを駆使すれば、生命そのものを操ることができる段階にまできています。これまで考えられてきた生物の限界線が変わり、新しい時代に入ってきています。

バイオテクノロジーは、デジタル技術同様、工学だけではなく、脳科学、人工知能、コンピュータサイエンスなど、さまざまな分野とつながってきており、SF映画や小説、漫画のなかの世界でしかありえなかったことが現実化してきています。

Chapter 5
Bioの社会経済をつくっていくためには

化石燃料を軸とした社会経済の限界

地球温暖化や気候変動、人口爆発、食料問題、水不足、資源の枯渇、パンデミック、プラスチック汚染等、現在、われわれはこうしたさまざまな世界的な課題に直面しています。2030年は、こうした課題の“分岐点”といわれています。

2015年のパリ協定では、各国が産業革命前を基準とする、世界の平均気温の上昇幅を1.5度以下に抑えるという目標を掲げています。世界の科学者たちは、1.5度の臨界点を超えると、生態系が被る気候変動の影響は引き返しがつかなくなり、はるかに過酷なものになる懸念が生じると論じてきました。

食料危機や資源の枯渇を招く気候変動は、世界のあちこちで混乱が起き、世界の秩序を崩し、紛争と戦争の引き金になる可能性があります。

気温上昇を1.5度以下に抑えるためには、2030年までに世界のCO_2排出量を2010年比で半減、2050年までにゼロにする必要があります。これが、2030年が“分岐点”といわれるゆえんです。すでにわれわれは人類の未来を左右する分岐点までの10年に突入しています。

この分岐点を乗り越える方法として注目されているのがバイオテクノロジーです。1990年頃は、1人のヒトゲノム解析に13年の歳月と30億ドルの費用がかかっていましたが、2000年には

1億ドル、現在では1,000ドルまで低減化しています。マッキンゼーグローバル研究所の調査によると、2030年までにゲノム解析コストは100ドル未満になる可能性があるとされています[1]。

ゲノム解析コストの低減化とともに、世界のさまざまな社会課題に対して、バイオテクノロジーを駆使して対応できる可能性が高まっています。感染症に対するワクチンや創薬開発においては、バイオテクノロジーの活用が必須となっています。

少資源国家である日本が海外依存度を減らし、エネルギーや資源の自立、分散型生産を実現するためにはバイオテクノロジーの利活用は不可欠です。

バイオ市場動向および課題

世界的に高まるバイオテクノロジーの位置づけ

ゲノム編集やDNA解析技術、合成生物学等のバイオテクノロジーと、IoT・AI、デジタルプラットフォームなど情報技術

1 McKinsey Global Institute「The Bio Revolution」(2020年5月)

の融合が急速に進展したことにより、微生物や植物、藻類等の生物資源を使い、有用物質を自由にデザインできる時代になりました。

これにより、持続可能な社会構築を目指す“バイオエコノミー”の実現に向け、オイルファイナリーからバイオリファイナリーへの転換が推進されています。すなわち、石油化学由来の化合物からバイオ由来化合物への切替えです。

バイオリファイナリーを実現するのが、微生物が有する多様な遺伝子機能や代謝機能、カーボンリサイクルや低エネルギー物質生産が可能な植物による物質生産等、植物由来物質の活用です。バイオテクノロジーにより、新規抗生物質やバイオ医薬品、医療用タンパク質、バイオプラスチック、セルロースナノファイバーなどの環境負荷低減型の有用物質生産が可能です。

さらに、昨今の米中対立の激化に伴い国際協調の気運が低下しつつあり、AIやIoT、量子技術、バイオテクノロジーなどの先進技術は、世界的に安全保障の観点からも技術覇権争いの対象となっています。

国立研究開発法人科学技術振興機構研究開発戦略センターの「研究開発の俯瞰報告書（2021年）」によると、世界の科学技術に関する感染症対策以外の政策において、健康・医療分野では「ゲノム医療、個別化医療」や「細胞・遺伝子治療」などが共通の重点項目となっており、関連論文の数が増えています。

また、気候変動やバイオエコノミーという国際課題に加え、食農分野では、ゲノム編集、AIの技術革新を受けて、「持続可能性」「循環型」というキーワードでの研究、生物生産分野では、合成生物学の取組みが米英中を中心に加速しています。

日本も他国同様、世界の潮流や社会ニーズ、日本が置かれた状況を踏まえ、AI技術、バイオテクノロジー、量子技術などについて取組みを強化すべき研究開発領域として位置づけています。

特に、デザイナー細胞（再生・細胞医療・遺伝子治療）やデジタル×バイオなど、日本が世界の主要国と伍していくだけの研究開発力や、プラットフォーム開発、イノベーション・エコシステムの構築が最重要課題となっています。

これまで述べてきたとおり、バイオテクノロジーは幅広い分野への適用が可能なだけではなく、バイオエコノミーやサーキュラーエコノミーの観点からも重要なテクノロジーです。生物由来素材は医薬品の製造や創薬開発だけではなく、持続可能性、環境負荷低減においても重要な役割を果たしています。

バイオ燃料については、トウモロコシやサトウキビなどを原料とする、食料との競合が批判されてきた第一世代バイオ燃料から、藻類や微生物などを原料とする、食料と競合しない第二世代バイオ燃料への過渡期にあたります。

現在の生産方法やサプライチェーンそのものが多大な環境負荷をかけている食料生産システム、食料生産に必須な地球資源の枯渇も危惧されていることから、持続可能性・環境の問題は、世界的な食の安全や食料確保に密接にかかわっています。細胞農業やゲノム編集食品など、バイオテクノロジーを活用した新たな生産方法へ切り替えることによる食料安全保障が期待されています。

パンデミックや気候変動の影響により、「多くの人に質の高い医療サービスを安定的に提供すること」「健康で栄養価の高い安全な食品を安定的に入手できること」は、さらに世界的に喫緊の最重要課題となっています。

健康や医療の提供、食糧供給、エネルギー・水不足等といった世界的な社会課題は、１つの分野領域のみによって解決されるものでなく、幅広くさまざまな分野を基盤とする技術やデータ、アイデアを連携・統合させることが不可欠です。

次世代のプラットフォーマーとなりうるバイオテクノロジー

米国では、合成生物学分野において次世代のプラットフォーマーとなりうるバイオスタートアップが台頭しています。米国のギンコ・バイオワークスやザイマージェン、ツイスト・バイオサイエンス、アミリスです。

ギンコ・バイオワークスは、デジタル技術を活用し、クライアントのニーズにあわせて、菌株の改良、添加物の開発、人工酵素の開発等を行うスタートアップです。

アミリス（Amyris）は、目的の物質をつくりだす酵母の遺伝子の組合せをコンピュータで予想・設計し、有用な化合物をつくる酵母を効率的に開発する技術プラットフォームを有しています。

ザイマージェンは、微生物のゲノムを組み換えることにより、新しい分子を生み出すことを可能とする技術と、微生物の巨大データベースを有しています。クライアントからの要望に応じて、彼らの微生物データベースを検索し、要望に沿った材料を生み出してくれそうな微生物の候補を見つけます。そこから、目的にあった素材を生み出す微生物かどうか、AI技術を活用し、最適な遺伝子組換え方法や生育環境をチェックし絞り込みます（Fig5-1参照）。

実際、住友化学は、2019年4月にザイマージェンと再生可能な資源を用いた高機能材料の開発で提携し、2021年「ヒアリン（HYALINE）」というモバイル端末に使う高機能フィルムを開発しました。このフィルムはゲノム編集で改良した微生物を使った製造技術でつくられています。微生物は、フィルム原料の製造における生産性を高められるようゲノム編集されており、微生物を培養して樹脂原料をつくっています。

バイオテクノロジーを駆使すれば、従来の大量にエネルギーを資料する石油化学産業を低炭素型の製造業に転換することが可能となります。また、バイオテクノロジーにより、従来の化石燃料を原料とした生産方法では製造できなかった高機能素材の製造が可能です。

ツイスト・バイオサイエンスは、従来よりもDNA合成を高効率、短納期、低価格で提供可能とする独自技術を有しており、クライアントの要望に応じたDNAを合成して提供しています。彼らの技術は、創薬開発や新素材開発、医療診断、農作物生産など、農業等、幅広い分野への応用が期待されています。

ザイマージェンやギンコ・バイオワークス、ツイスト・バイ

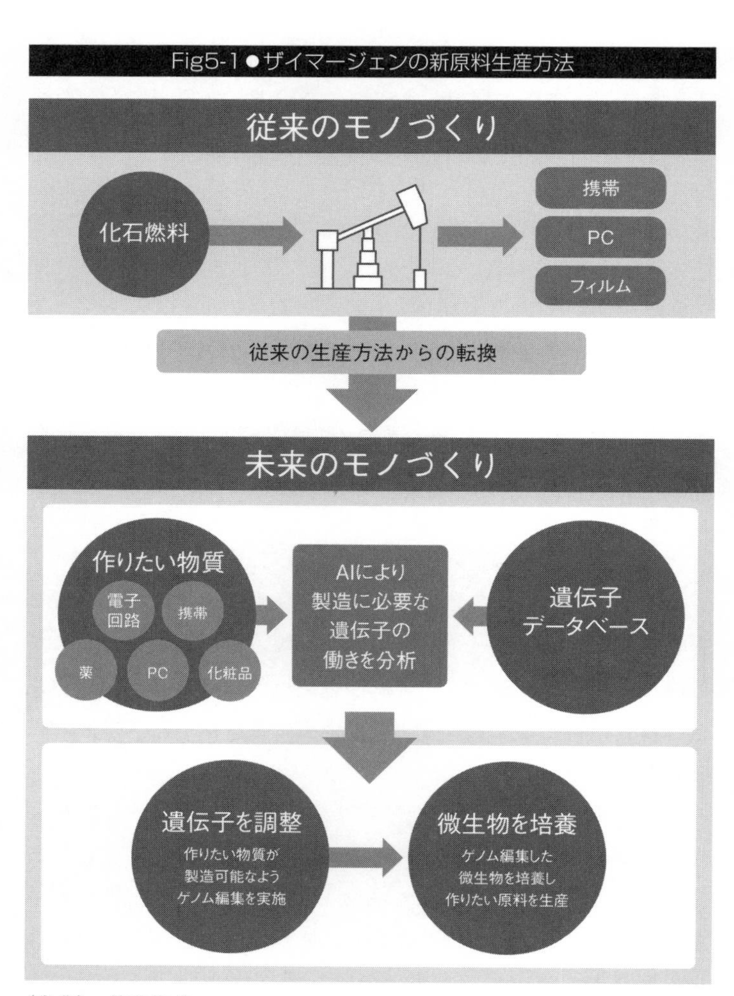
Fig5-1●ザイマージェンの新原料生産方法
従来のモノづくり
化石燃料
携帯
PC
フィルム
従来の生産方法からの転換
未来のモノづくり
作りたい物質
電子回路
携帯
薬
PC
化粧品
AIにより製造に必要な遺伝子の働きを分析
遺伝子データベース
遺伝子を調整
作りたい物質が製造可能なようゲノム編集を実施
微生物を培養
ゲノム編集した微生物を培養し作りたい原料を生産

（出典） 筆者作成

オサイエンスのような企業は、今後、世界中の企業から委託を受けて有用な微生物やDNAを製造して提供する、次世代のプラットフォーマーとなる可能性があります。

日本にも、海洋・陸上微生物（放線菌、糸状菌、細菌、酵母、乳酸菌）、微細藻類等のデータベースを所有しているオーピーバイオファクトリーがあります。

同社では、海洋生物資源を中心に生物資源を収集してデータベースを構築しており、このライブラリーを用いて、創薬分野では感染症、抗がん剤、神経系疾患等の医薬品リード化合物など、化粧品分野では美白成分、保湿成分、細胞活性化成分など、食品分野では健康食品、機能性食品、調味料等に活用できる生物資源の探索を支援しています。

微生物による素材・原料開発は、石油化学産業だけではなく、農業、食料品、製薬など、さまざまな分野に広がる可能性があり、まさに素材・原料生産方法のパラダイムシフトが起ころうとしています。

■■ バイオ分野でも注目されるESG投資の視点

農業や食品、プラスチックの問題を考えるうえで避けて通れないのが、企業の環境や社会貢献などの取組みを重視する「ESG投資」です。

気候変動や人口爆発などが食料生産に与える影響や世界的な社会課題を背景として、農業や食料、再生可能エネルギーなど、持続可能性に関するテーマに基づき投資するESG投資は、世界で急拡大しており、テクノロジーを活用する際も、この点を踏まえて取り組むことが不可欠になっています。

米マクドナルドは調達する牛の飼育環境において農薬や成長促進剤の使用を禁止していいます。米スターバックスは環境に配慮した栽培法や途上国の生産者を支援するフェアトレードコーヒー豆へ、米ナイキや米GAPはオーガニックコットンへの切替えを開始しています。ユニリーバやP&G、花王は、植物油として最も生産量の多いパーム油の調達において、環境保護に力を入れています。

欧州がリードしてきたESG投資は10年以上前から始まっていますが、2014年から2016年の2年間で世界全体の投資額が25.2%増と、ここ数年で急速に拡大しています。これは2015年に米国労働省がエリサ法[2]はESG投資を妨げないとの見解を発表したことから、米国のESG投資が拡大したためです。

世界持続的投資連合（GSIA）の調査によると、世界全体のESG投資額は2020年時点で35兆301億ドルと、気候変動や人権問題への関心の高まりから、2018年比で15%増加しています。ESG投資は、世界で急拡大しており、2020年時点でESG投資が全体に占める割合は35.9%にものぼります。

世界のサステナブル投資資産の地域別比率としては、欧州が

2　1974年に制定された米国の企業年金の受託者責任を義務づけた法律「従業員退職所得保障法（Employee Retirement Income Security Act）」。受給者の保護が目的で、年金の運用状況や資金調達に関する情報の開示、受給者の不服申立てのプロセス明確化などを年金基金に求めている

34％、米国が48％、カナダが７％、オーストラリアが３％、日本は８％を占めています。数年前まで、日本ではコスト負担としてのCSRとしてとらえられてきましたが、欧米を拠点とするグローバル企業は原料調達で持続可能性に配慮することが、企業価値を高めるブランド戦略の１つになっており、ESG投資が急激に成長しています。

日本のESG投資は注目され始めたばかりですが、成長率は他国と比較しても著しく、サステナブル投資資産の成長率は２年間で34％増の2.9兆ドルとなっています。「世界最大の年金基金」といわれる年金積立金管理運用独立行政法人（GPIF）によるESG投資が、2017年からESG投資に1.5兆円を振り向けたことが大きな要因ですが、日本では企業の社会的責任を果たすためのコスト負担ととらえる面は変わってきています。

食農分野でESG投資が注目されている理由の１つに、気候変動の影響による農産物の生産量の減少や世界的な食料高騰などがあります。昨今の異常気象や干ばつなどの気候変動は、消費者や企業の経営活動だけではなく、世界の食文化に対して大きな影響を及ぼしています。

グローバル企業は世界の潮流を読みながら、最新技術などを使って従来の事業をアップデートさせ、社会課題に対応しながら利益を生み出すビジネスモデルにつくり替え始めています。日本企業も目先の課題の解決だけにテクノジーを活用するのはもったいないくらい、技術革新と社会的情勢が整ってきています。

今後は、ESG企業の長期的な成長を見据えた大きな視点、広い視野で技術を生かしていくことが欠かせません。日本企業が“ESG投資は一過性のブーム”と様子見をしてる間にグローバル企業のビジネスモデルは変革され、世界のESG投資は運用資産の４分の１を占めるまでになっており、投資の「軸」が大きく変わり始めています。

企業や投資家に対して世界的な社会課題に対して対峙させることで、ビジネスを介して社会課題解決に向けた行動を促そうと、国際社会の規範意識・ルール形成に大きな変化が引き起こされ始めています。

■■可能性とリスクの二面性

個人から大規模機関までさまざまなレベルで進むバイオの研究開発。ゲノム編集技術は、将来に対する大きな可能性とリスクの両面を持ち合わせています。産業と規制・標準化の足並みがそろわず、先に規制・標準化のみが先行してしまうと産業界の足かせとなってしまい、発展性が削がれる可能性もあります。

それだけではありません。ゲノム編集技術は、工業、医療、食品、環境など生命にかかわるあらゆる分野に適用可能であるため、経済安全保障領域においても重要なテクノロジーとなっています。デジタルの世界と同様、自由闊達な研究開発が新たなイノベーションを生む一方、生物兵器になる可能性もあり、社会に甚大な被害を及ぼすおそれもあります。

暗号資産やブロックチェーンは、ビジネスと技術の発展とリスクの極小化を図るため、まず民間のコミュニティによる自主規制から始まっており、暗号資産については市場が大きくなってから法制化され、ブロックチェーンについてはルールづくりが始まっています。

ゲノム編集技術も暗号資産やブロックチェーン技術同様に民主化が進んでいるため、コミュニティや自主規制団体を組成して、ビジネスや技術の発展に関しての取組みをしつつリスク管理をすることが望ましいと思われます。

暗号資産やブロックチェーンのように、取組みを急速に発展させるためには、協調領域に関する技術はオープン化されるとともに、学術界やベンチャー、大企業などさまざまなバックグラウンドを持つ人が参加し議論するコミュニティを形成することで、さらなる技術革新およびこれまでにない新たなイノベーションが加速させることが重要です。

バイオ分野の技術開発・ビジネス化において、他国よりも10年以上後れをとっている日本が、他国に追いつき、世界最先端のバイオ社会を実現するためには、まず、解放された市場と分野・業種横断型のコミュニティの形成を図ることが、第一ステップになると思われます。

急速に進む技術革新にコントロールが効かなくなる前に、社会のあり方を大きく変える技術にどう対処するべきか、リスクを管理しながら最大限活用するにはどうしたらいいのか、われわれはまさに後戻りできない岐路に立っています。

■■科学の大衆化と研究組織の大型化

DIYバイオ

世界で大きなうねりになっているバイオテクノロジー。テクノロジーが変われば、研究開発体制も変わります。新時代のバイオ技術の開発はどんな体制で進んでいくのでしょうか。

技術の中身が急速に進化しているだけではありません。業界を変える大きな原動力になりつつあるのが、技術の大衆化です。Chapter 2で述べたとおり、ITで起きた動きが、この分野でも起きようしています。バイオテクノロジーは、もはや大学や研究所だけで実験するものではなくなり、家庭で気軽にできるようになっています。「DIYバイオ」です。

遺伝子を自在に操作する「ゲノム（全遺伝情報）編集」や人工的に生命をつくりだす「合成生物学」では、デジタルにおけるアプリ開発の個人とビッグデータを扱う巨大IT企業のように、二極化が進んでいます。

DIYバイオは、欧米を中心に自宅の一室やガレージを使い、趣味の1つとしてDIY感覚でゲノム編集する個人が増えており、急速に広まっています。その情報を交換するDIYバイオコミュニティは世界168カ国に広がっており、中高生から社会人まで、DIYバイオコミュニティや「FabLab（ファブラボ）」と呼ぶ市民工房を舞台に、市民が研究開発を楽しんでいます。

最初の公式DIYバイオスペースは2010年に米国とカナダに開設され、欧州、オセアニア、アジア、中南米などに拡大しました。現在、米国に50カ所以上あり、カナダでは12カ所で約

2,500人のメンバーを抱えています。

日本でも有志団体「Shojinmeat Project」など、自宅で研究するDITバイオコミュニティが増えてきています。背景にあるのが、ゲノム解析や編集技術、DNA合成などの最先端技術の低コスト化とオープン化です。

バイオ技術は、一般市民が手軽に利用可能な技術まで発展しました。背景にあるのが実験に使う試薬の低コスト化で、米国ではゲノム編集キットは約300ドルで購入できます。ノートパソコンやiPadなどデジタルデバイスよりも安く手に入ります。ゲノム編集技術の民主化が進んだ結果です。安くなったゲノム編集キットを活用して、培養肉や人工の卵黄・卵白、暗闇で光るビールなど、さまざまな研究が台所や自室で行われています。

培養肉は工夫すれば特別な機器すら必要ありません。培養装置は家庭の冷蔵庫や炊飯器、扇風機などを活用し、培養液もスポーツドリンクで代用するなど、高価な機器や薬品がなくとも培養できる手法が編み出され、インターネットで公開されています。

DIYコミュニティのメンバーは、SlackやTwitterを駆使して情報交換しながら、自宅で研究を進めています。まさにシチズン・サイエンスです。情報共有するようになったことで、異業種の一般市民やスタートアップが新しい発見や技術を開発するケースが増えてきています。

ただ、DIYバイオは法整備にグレーゾーンの部分が残っているため、安全性の担保と規制の問題は引き続き検討事項となっており、他の分野と同様、法整備は技術の後追いとなっています。

1990年代、インターネットでさまざまなITベンチャー企業が立ち上がり、技術革新が進みました。バイオテクノロジーも一般市民が参加することで新しい潮流ができようとしています。食農分野で技術がオープン化され、異なる知識や経験を持つ人が議論しながら研究可能となることで、新たなイノベーションの創出が期待されています。

私たちは、とてつもなく大きな可能性とともに責任を背負っています。

研究機関の大規模・グローバル化

その一方で、ゲノム編集技術はあらゆる生命・分野に応用ができ、最新のバイオ技術は大量の遺伝子データを扱うため、研究スタイルは大規模化かつオープンサイエンス化に進んでいます。

さらに研究組織は、拠点化、ネットワーク化が進み、従来のラボ単位の分散型から相互に連携するネットワーク型に移行しています。分野の研究との連携を図り、それらを束ねる大型拠点化も進んでいます。

欧米諸国では、1つ屋根の下に大学や企業の関係者が集まり、一体となって研究開発に取り組むイノベーション拠点であるアンダーワンルーフ型の研究施設が構築されています。大型拠点の米ブロード研究所や英フランシス・クリック研究所ではデータや異分野人材の共有により、多様な研究に取り組んでいます。

一方、日本は、依然として従来の個別ラボでの分散型の研究スタイルを踏襲しているため、他分野との連携や社会全体のデジタル化、オープンサイエンス化が必須のバイオテクノロジー分野において、なかなかイノベーションが生まれにくい環境となっています。

大規模化だけではありません。ゲノム編集技術などを含めた合成生物学では、大学や研究機関が組織内で基礎から実用化研究までの一連の研究開発を担う体制や設備を整える、研究機関の枠を超えた「バイオファウンドリ」が世界各地に構築されています。また、Global Biofoundry Allianceなど、世界的なアライアンス立ち上げの動きも起こっており、グローバル連携が進んでいます。なお、バイオファウンドリとは、バイオ由来製品の生産性向上やコスト低減化を図ることを目的とした培養・運搬・受託製造などのバイオ生産システムのことです。

欧州では、Bioprocess Pilot Facilityなどのような、原料処理から化合物生産までを一貫生産できる設備を持つ微生物発酵生産用共用パイロットスケールプラントを複数整備し、小規模培養施設から大規模培養プロセスへのスケールアップを支援しています。

米国では、ローレンス・バークレー国立研究所が同様の設備「アジャイル・バイオ・ファウンドリー（Agile Bio Foundry）」を設置しています。

また、マサチューセッツ工科大学とハーバード大学が共同で設立したブロード研究所（Broad Institute）は、米国マサチューセッツ州ケンブリッジにある生物医学およびゲノム研究センターです。

ブロード研究所は、日本の個別研究室中心の研究開発スタイルとは異なり、ブロード研究所内部にマイクロソフトやグーグルのエンジニアや、コンピュータ科学者など、バイオインフォマティシャンといわれる技術者がいて、すべてがテクノロジーとつながっており、テクノロジー・ドリブンで研究が加速度的に進められています。1.6km範囲の徒歩圏内に、バイオテクノロジーだけではなく、脳神経科学や認知心理学、コンピュータ科学の研究機関、テック企業、製薬企業などが集積しています。

日本では、NEDO（新エネルギー・産業技術総合開発機構）が2020～2026年度で「バイオものづくりプロジェクト」を推進しており、国内において世界と競争できるバイオファウンドリの構築を目指しています（Fig5-2参照）。

本プロジェクトは、従来の化石資源由来の炭素（カーボン）系原料ではなく、微生物や植物などのバイオマス由来を原料とする生産プロセスを駆使したバイオプラスチックやバイオ燃料、タンパク質、食品の機能性物質、医薬中間体[3]などをつくる生産技術開発を確立し、カーボンリサイクルを実現することを目指しています。神戸大学は、本事業を活用してバイオファウンドリ構築を進めています。

3　原薬をつくる元となる化合物である原料から、原薬になるまでの途中の化合物のことを中間体という

Fig5-2●バイオエコノミー拠点の核としての“公共バイオファウンドリのイメージ”

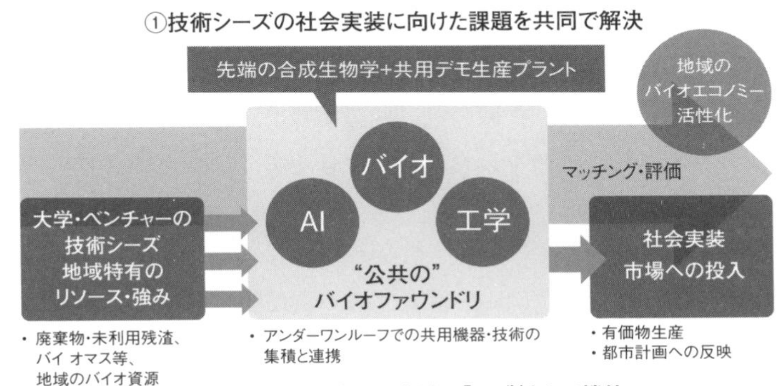

（出典）　経済産業省第９回産業構造審議会商務流通情報分科会バイオ小委員会資料４「バイオテクノロジーが拓く『ポスト第４次産業革命』」(2020年)

さらに研究の進め方も大きく進化しています。生物を扱うだけに、DNAを合成し、微生物などで目的の物質をつくりだすには、人手に頼っていては時間と手間ばかりかかってしまいます。そこで生まれたのが、最新の計算科学を活用する「DBTL（設計・構築・評価・学習）」と呼ぶ研究サイクルです。従来の人の知恵と経験に頼るアプローチではなく、データ解析結果を機械学習などにより次の試作品の設計につなげることで、研究開発の効率化・低コスト化を図っています。

■■ 倫理的な課題

急速なバイオテクノロジーの革新に伴い、国際的なルールづくりは待ったなしの状況です。将来、バイオテクノロジーを活用することにより、人間の設計図であるゲノムを自由に編集することにより、生命を自在に操作できるようになってきています。

2018年11月に、中国の研究者である賀建奎氏は、ゲノム編集技術を回収して遺伝子を改変させた双子の赤ちゃん、デザインベビーを世界で初めて誕生させ、世界に衝撃を走らせました。世界中から倫理違反だと批判を受けた賀氏は、2019年12月に中国の裁判所から懲役３年の実刑判決を受けています。

この衝撃の発表を受けて、2019年にWHO（世界保健機関）は、ヒト生殖細胞系列を対象とした遺伝子操作についての検討委員会を設立し、国際基準作成のための勧告を策定してきました。2021年に専門委員会はWHOに対して、ヒト生殖細胞を対象とした遺伝子操作に関する研究内容を登録するデータベースを整備し、倫理面で問題がないかなど監視するべきと勧告しました。

また、米国医学アカデミーや科学アカデミー、英国王立協会から構成される国際委員会は、2020年に「現在は安全性や効果的な技術がない」として、ゲノム編集技術を人間の受精卵に利用するべきではないと勧告しています。

日本でも2019年に厚生労働省の専門委員会は、人間の受精卵にゲノム編集技術を適用して子宮に戻す臨床利用については、安全性が担保されておらず、世代を超えて影響が出る可能性があるとし、禁止するための法律・指針づくりを決定しました。

ヒトへのゲノム編集適用に関する議論は、始まったばっかりです。まだ、国際社会で合意された共通ルールは整備されていませんが、バイオテクノロジーの急速な技術進化は止められません。

バイオテクノロジーは、“Bio is the New Digital”とされ、食料問題や気候変動、伝染病、遺伝子疾患など、世界的な社会課題の解決に向けて有効な技術です。

一方、ゲノム情報により、病気の発生可能性、体質、血縁関係などがわかるため、差別を不平等や差別につながる可能性があります。また、人間があらゆる生命を操ることができることのリスクは、計り知れないものがあります。

バイオテクノロジーは、世界的な社会課題の解決に向けて有効に活用されるのか、使い方を誤り人類にとって最悪の事態を招いてしまうのか、バイオテクノロジーの進化だけが先行することのないよう、国際的なルールづくりをいっそう加速することが必要です。

各国のバイオエコノミー戦略

2009年にOECDが「2030年に向けてのバイオエコノミー」とする報告書を出し、バイオテクノロジーが経済生産に大きく貢献できる市場としてバイオエコノミーという概念を提唱して以来、2018年までに世界49カ国がバイオエコノミーの発展に関連した戦略政策を策定しています。

米国やドイツ、フランス、イギリス、イタリア、オランダ、ベルギー、フィンランド、デンマーク、スウェーデン、ノルウェーなどの欧米諸国だけではなく、中国、マレーシア、タイ、インドネシアなどでも策定済みです。

これまでに、2015年、2018年、2020年にGlobal Bioeconomy Summit（GBS）がドイツで開催され、バイオエコノミーに関する国際的な議論が行われました。2020年のGBSでは、グローバル・バイオエコノミーに関する国際アドバイザリー委員会により、「Expanding the Sustainable Bioeconomy」と名付けられた共同声明が発表されています。共同声明には、バイオエコノミー政策決定に向けて、①投資促進、②雇用創出、③資金動員、④産業創出・ビジネス増大、⑤強靭なバリューチェーン構築、⑥需要創出に向けた政策アプローチ、⑦グローバルパートナーシップ強化、⑧グローバルプラットフォーム構築等が盛り込まれています。

■■ EU

EUは、OECDがバイオエコノミーを提唱してからいち早くバイオエコノミーに取り組んできました。2012年に、「Innovation for Sustainable Growth: A Bioeconomy for Europe」を公表し、5つの目標として「食料安全保障の確保」「持続可能な天然資源の管理」「再生不能資源への依存の低減」「気候変動の緩和と適応」「EUの競争力強化と雇用創出」を掲げています。

具体的な施策としては、2030年までに石油由来製品の30%を生物由来に代替、EUにおける輸送燃料の約25%を生物由来に置換する目標の達成に向け、7年間で40億ユーロ以上を投資する計画を立てています。また、"Horizon2020"により、2014～2020年で10億ユーロの研究開発を支援しています。

EUは、バイオエコノミー政策により、2017年にはEU全体の9%にあたる1,750万人の雇用を創出し、EUのGDPの5%に相当の6,140億ユーロの付加価値を生み出しています。

2018年には、2012年の戦略を更新した「新たなバイオエコノミー戦略」を発表しました。新戦略では、「持続可能なサーキュラー・バイオエコノミー」により、経済発展と社会課題解決を両立しつつ、SDGsやパリ協定の目標にコミットすることを目指しています。

■■ ドイツ

ドイツは、2010年に各国に先駆けて「国家研究戦略バイオエコノミー2030」を策定し、研究開発によるバイオエコノミーにおけるイノベーションの基盤を築きました。2013年には「国家政策戦略バイオエコノミー」を発表し、バイオエコノミーへの構造変革加速に関する戦略的なアプローチおよび措置がされました。

さらに、バイオエコノミーの拡充を重視し、2020年に独自のバイオエコノミー戦略を改定・統合した「National Bioeconomy Strategy」を公表するとともに、産業のバイオ化を推進する"Bio Agenda"を策定しました。

農林水産業をバイオエコノミーの重要軸として位置づけており、気候変動に左右されない開発のための生物学的知識とイノベーションの活用、という2つのガイドラインをもとに、6つの戦略的目標を立てています。

また、ドイツは、2015年、2018年、2020年とバイオエコノミーに関する世界規模のサミット"Global Bioeconomy Summit"を主催しており、バイオエコノミー社会の実現に向けて中心的な役割を担うべく積極的に活動をしています。

■■イギリス

イギリスは、2012年に「A synthetic biology roadmap for the UK」を発表し、合成生物学を研究目的とした研究プロジェクトを推進してきました。2016年にはバイオエコノミーの産業化を推進するため、2012年のロードマップに追加した「Biodesign for the Bioeconomy」を策定しています。さらに、2018年には、「Growing the Bioeconomy」を策定し、バイオサイエンスとバイオテクノロジーを通して、イギリス経済を変革するための政府、業界の集合的なアプローチ施策を発表しました。

イギリスは、生物資源の可能性を最大限に引き出し、雇用の創出、生産性の向上を図り、2030年までに4,400億ポンドのバイオ市場を創出することを目指しています。

■■米　国

米国は、オバマ政権時の2012年に「National Bioeconomy Blueprint」を発表し、バイオエコノミーを今後の経済成長と社会問題の解決を牽引する重要な分野と位置づけました。本戦略では、ライフサイエンス、環境エネルギー、バイオ製造プロセス、食料・農業分野と幅広い分野を対象としています。

2016年には「Federal Activities Report on the Bioeconomy」を策定し、2030年までに石油由来燃料の36％を生物由来に代替、2,300万tのバイオ由来製品の普及、170万人の雇用と2,000億ドルの市場の創出を目標として掲げ、それに向け、NRC（全米研究評議会）は技術開発ロードマップを策定しています。

また、バイオ由来製品の消費を推進することを目的とし、生物由来成分の含有量を認証する「バイオプリファード（BioPreferred Program）」ラベル制度を2014年に制定しました。バイオプリファードはバイオベース含有率の認証ラベル制度で、USDA（米国農務省）が定める97のカテゴリー（洗浄剤、カーペット、塗料など）について、すべての連邦政府がBioPreferred

認証ラベルのあるバイオ由来製品を購入することを義務づけています。

さらに、2014年に先進製造技術に関する国家戦略「先進製造パートナーシップ（AMP）」を改訂し、合成生物学を中心とした製造技術の開発・実用化を位置づけ、2015年には、NRC（全米研究評議会）がバイオテクノロジー関連の技術開発ロードマップを策定しています。

トランプ政権になってもバイオエコノミーについては引き続き重要な政策とし取り組まれ、2019年に「The Bioeconomy Initiative：Implementation Framework」を策定し、競争力があるバイオ燃料とバイオ製品の供給を目指し、R&D優先領域を設定しています。

バイデン政権では、環境・気候変動問題への取組みが政策提案の中核に位置づけられ、環境分野のイノベーション創出を重要視した政策をとっていますが、トランプ政権下でも重点分野とされていた、AI、5G、先端素材、バイオなどの先端・新興技術分野へも引き続き投資を続けています。

■■中　国

中国は、2006年にバイオものづくり関連の研究所を新設し、バイオ産業を戦略育成分野として位置づけ、欧米諸国の技術を積極的に導入しています。2020年までにバイオ産業市場をGDP比７％に倍増することを目標として掲げていました。

また、2016年に発表された「国家イノベーション駆動発展戦略綱要（2016～2030年）」において、バイオテクノロジーが重点分野としてあげられています。

■■タ　イ

タイは、2015年に「Thailand 4.0」において、将来に向けて競争力強化を図るべき新産業としてバイオ燃料、バイオテクノロジーを明示し、先進的なバイオエコノミーの発展を目標として掲げています。さらに、2017年には、サトウキビやキャッサバなど活用した高付加価値製品の開発を目指す「Bioeconomy Roadmap」を発表しています。

■■インドネシア

インドネシアのバイオエコノミー政策は、主にバイオエネルギーと農業政策の２つの分野において促進されています。バイオエネルギーに関しては、2014年に大幅に更新された国家エネルギー政策において、重要な再生可能エネルギー源として奨励されています。また、農業政策に関しては、2014年に「Grand strategy of Agricultureal Development 2015-2045」を策定し、社会課題解決に資する長期的な農業および農村開発計画としています。

■■マレーシア

マレーシアでは、バイオマスベースの産業のさらなる発展に向け、2012年から「Bioeconomy Transformation Programme (BTP)」を開始しています。BTPでは、国の潜在的な強みであるバイオ資源を活用し、特定のバイオベース産業に焦点を当てて支援することにより、2020年にGNLの480億RM（約1.4兆円)、17万人の雇用創出を図ることを目標として掲げていました。

■■日　　本

欧米諸国から遅れること10年、日本も2019年に「バイオ戦略2019」を策定し、2030年までに、バイオファースト発想で世界最先端のバイオエコノミー社会を実現すること、バイオコミュニティの形成、データ駆動型バイオエコノミーの実現を目標として掲げています。

目標達成に向け、高機能バイオ素材、バイオプラスチック、生物機能を利用した生産システム等への取組強化、バイオとデジタルの融合の促進、環境整備や人材育成等についての取組強化が謳われています。また、他国同様にバイオ製品の公共調達制度の適応や、バイオ製品の認証に対する検討や取組みを進める方針が打ち出されています。

さらに、日本でバイオリファイナリーへの転換を進めるにあたってボトルネックとなる生物原料等の確保やスケールアップの解消策として、日本の強みである微生物育種や発酵技術等を生かし、生産プロセスを高度化した次世代生産技術開発の必要性が明示されています。

2019年11月には、バイオエコノミー関連の技術開発事業を推進するため、NEDOのなかにバイオエコノミー推進室が新設されました。また、技術戦略研究センターに「バイオエコノミーユニット」を設置し、技術戦略の策定とプロジェクトの立案を一体で進めています。

2020年には「バイオ戦略2019」を更新した「バイオ戦略2020（基盤的施策）」、具体的な施策に落とし込んだ「市場領域ロードマップ（2030年市場規模目標）」、「バイオ戦略2020（市場領域施策確定版）」が策定されています。

2021年９月には、日米豪印４カ国の首脳がバイオテクノロジー技術において協力して取り組む方針を確認しています。

同年12月には、バイオ分野のデータ連携・利活用がもたらす成果の最大化を図り、新たな経済的価値の創出を目指し、「バイオデータ連携・利活用に関するガイドライン中間とりまとめ」が発表されました。

2022年初頭、政府は同年６月に公表予定の「クリーンエネルギー戦略」において、地球温暖化対策の柱としてバイオテクノロジーを位置づけることを発表しました。2050年までのカーボンニュートラル達成に向け、CO_2を原料として燃料やタンパク質を生み出す微生物の研究開発を支援することが盛り込まれる予定です。

同年１月12日に岸田文雄首相は、バイオ関連団体主催の会合において、バイオテクノロジーを地球温暖化対策の大きな切り札とし、「CO_2を単に減らすだけの時代から、資源として活用する時代へとコペルニクス的な転換が世界で生まれようとしています。（略）バイオものづくりのイノベーションは、資源不足や食糧問題、海洋汚染など、あらゆる制約要因、ピンチを、チャンスへと変え、次なる時代の成長軌道をつくりだすことを可能とします。バイオ技術こそ、新しい資本主義を拓くカギである。そう確信しております」[4]と述べています。

バイオエコノミー推進に向けた課題

バイオエコノミー推進に向けた課題としては、主にバイオ製品製造におけるコスト、バイオ製品のLCA、エコシステムの確立の３つがあります。

4　首相官邸ホームページ「バイオ関連団体合同新春セミナーにおける岸田総理ビデオメッセージ」（2022年１月12日）

■■ バイオ製品製造におけるコスト

バイオマス原料の安定かつ安価な調達

オイルリファイナリーからバイオリファイナリーへの大転換を図るためには、汎用品をバイオ製品に転換していく必要がありますが、日本国内のバイオマス原料の賦存量は規模が小さく偏在しているため、どうしても海外輸入に依存せざるをえず、安定かつ安価な調達が課題となっています。

そのため、安定的に一定量のバイオマス原料を輸出可能な米国やブラジルに世界的に依存している状況です。

また、海外からバイオマス原料を輸入する場合、バイオマス原料は嵩が大きく、水分含有量が多いため、輸送コストが嵩むだけではなく、輸送によるCO_2排出量にかんがみると環境負荷軽減につながらないどころか、CO_2排出量が増加してしまう場合があります。バイオマス原料は輸送には適していません。

糖価調整制度

日本には、沖縄県・鹿児島県・北海道の甘味資源作物や、これを原料とする国内産糖の製造事業を保護するため、バイオマス原料となる砂糖やでんぷんなどの輸入精製糖に対して、高い水準の関税・調整金を課す糖価調整制度があります。

糖価調整制度対象外である国産の非過食用精製糖は、流通量が限られているため、安定かつ安価に調達することが困難です。

サトウキビやトウモロコシなどの従来バイオマス原料資源が

少ない日本がバイオリファイナリーへの大転換を図るためには、従来原料ではなく、林産資源、廃棄物の資源化、藻類や微生物、水素細菌などのバイオマス資源の有効活用に関して、技術研究開発を推進するべきです。

地政学的なリスクやグローバルサプライチェーンの断絶など、今後のリスクに備え、海外に依存することなくバイオマス原料を調達できるよう、林産資源、廃棄物の資源化、藻類や微生物、水素細菌などでバイオマスメジャー化を目指すことが不可欠です。

効率関な製造技の開発

バイオ製品の製造コストは、既存の化学合成と比較するとまだまだ高い状況です。バイオ製品の製造コストが高くなっている技術的な主な要因は、バイオ合成および分離精製、ダウンストリームプロセス部分です。

バイオ合成は、通常、高選択性のバイオ触媒を用いて、水溶液中で常温常圧のマイルドな条件で反応を行うため分離回収負荷が高く、コストアップ要因となっています。また、ダウンストリームプロセスでは、水溶媒からの分離回収負荷が高く、また、生産工程から発生するBOD（生物化学的酸素要求量）含有の多量の廃水処理が必要となるため、コストアップ要因にもなりますし、LCAも悪化します。

バイオリファイナリー社会の実現のためには、バイオ製品製造プロセスにおける分離回収の容易化や生産技術の効率化、負荷低減、低コスト廃水処理技術の開発など、バイオ生産プロセスに係る技術開発を加速させることが不可欠です。

■■ バイオ製品のLCAおよびS-LCA

バイオ製品の価値を正しく評価するためには、製品の資源採取から原材料の調達、製造、加工、組立て、流通、製品仕様、さらに廃棄に至るまでの全過程（ライフサイクル）における環境負荷を総合し、科学的、定量的、客観的に評価する、環境影響評価（Life Cycle Assessment：LCA）を実施することが不可欠です。

また、最近では、パーム油などのバイオ原料調達方法や途上国の労働搾取等については世界的に大きな課題となっているため、ライフサイクルにおける環境影響評価（LCA）だけではなく、社会的影響を分析する社会影響評価（Social Life Cycle Assessment：S-LCA）を実施することも求められています。

バイオ製品のLCAおよびS-LCAを正しく評価して導入を進めないと、逆に環境負荷が高い製品となっていたり、人権侵害や労働力搾取となっていたりする場合もあります。

■■ エコシステムの確立

ベンチャーエンタープライズセンター（東京都千代田区）によると、日本のベンチャーキャピタル（VC）の投資額は6年連続で増え、2018年度は前年度比37％増の2,706億円となりました。特に「バイオ／医療／ヘルスケア」は18.9％と高いシェアを占めています。

スタートアップ企業への投資は日本でも活発になってきているといえますが、米国の投資額は14兆4,000億円超に達しており、前年比57.8%の大幅増加となっています。米国などに比べるとまだまだ立ち遅れており、VCなど機関投資家からの投資が海外に比べて少ないのが現状で、これらの状況をかんがみるとまだまだ足りていません。

急成長が見込まれるバイオ分野への投資も世界的にみると日本は立ち遅れています。

特に、経済産業省の調査によると、年平均9.1%の成長率が見込まれるバイオ医薬品は、2022年には35兆円規模の市場に成長すると予測されており、バイオ・創薬分野における米国企業の時価総額は、61.5兆円と突出しています。一方、日本は1.3兆円にとどまっています。

経済産業省の報告書「伊藤レポート2.0〜バイオメディカル産業版〜（改訂版）」（座長・伊藤邦雄・一橋大学特任教授）によると、上場した創薬型バイオ系スタートアップの機関投資家の株主構成比率は１社平均約９%で、米国（76%）や欧州（34%）と比べてかなり少ない状況です。

これにはバイオ特有のいくつかの事情があります。１つは創薬バイオ中心に他分野と比べて製品化まで時間がかかり、投資資金を回収するまでの期間が長く、評価がむずかしいことです。さらに、素材や燃料分野などのバイオ製品は既存製品の代替となることが多く、価格など大きな優位性がないと市場形成を図ることがむずかしいこともあります。

また、スタートアップの主力であるデジタル分野と比べると、技術力がより問われることも要因の1つです。代替製品として市場に出ることが多く、ビジネスモデルでカバーすることがまだまだむずかしい状況です。

事情は海外も同じですが、欧米ではこうした障壁を乗り越えるため、国をあげて民間投資を後押ししています。また、IT系ベンチャーキャピタルがバイオとデジタルの融合領域に対する投資活発化させ、バイオ分野への投資が加速しています。

EUでは欧州戦略投資基金を設立し、イノベーションやバイオテクノロジーなど将来の成長のために重要な分野に重点的に投資しています。

米国は新しい材料戦略として2011年、新規素材開発の低コスト化や短期化を目指す「マテリアルズ・ゲノム・イニシアチブ」を掲げ、このなかでバイオを有望な基幹技術として位置づけています。この結果、米国ではこうした流れを受けて、バイオスタートアップが次々に起業し、これまでデジタル産業に投資してきた投資家がバイオ投資に移行し始めています。

また、米国にはDARPA（アメリカ国防高等研究計画局）から支援を得る方法があります。DARPAは約35億ドル（2020年）の予算があり、米国の国家安全保障と関連する先進的な国防研究・技術開発に対して、プロジェクトベースで出資・支援をする国防総省下の機関です。

これまで、DARPAが支援するプロジェクトから、インターネットの起源とされる、初のパケット通信ネットワークであるアーパネットやGPS（全地球測位システム）などのさまざまなイノベーション技術が生まれてきました。

バイオ分野でも、投資家からの資金調達で成功した企業が次の投資を生むエコシステム（生態系）ができつつあるといえます。

日本の現状を改善するためには、まずは政府の投資資金を特定の分野に絞って投下し、バイオスタートアップの成功事例をつくり、呼び水にさせることが必要です。たとえば、バイオ燃料は、先行している米国のスケールメリットに勝つことはむずかしいため、日本が強い領域の１つである生分解性プラスチックなど、高付加価値素材の生産などに対して戦略的投資を行い、グローバルリーダーをねらうべきです。

そのうえで、消費者の受容形成や行動変容なども含めて民間の人材と資金が循環するエコスシステムを構築することが欠かせません。

バイオエコノミーの実現に向けて

日本主導でBioTechにおけるルール形成を！

世界経済フォーラムが発表した「グローバルリスク報告書

2021」によると、「気候変動緩和・適応への失敗」は、“発生可能性が高いリスク”および“影響の大きいリスク”の上位にランクインされています。

持続可能な社会・経済を築きながら、世界的な競争のなかで勝ち残っていくにはどうすればよいのでしょうか。いままでの日本のように、先進的な技術を使って良いものをつくるだけではむずかしくなっています。規制や制度などの国際ルールを自ら主導して整えることが欠かせません。

欧米各国は、先進テクノロジーを使って新産業を創出するだけではなく、規制や制度などの構築に関してすでに積極的に取り組んでいます。

将来の気候変動は人類にとって大きなリスクですが、個別企業にとってはその解決策を手掛けることが、新たなビジネスチャンスにつながります。それに気づいた海外の企業や国などはすでに環境関連需要の開拓に乗り出しています。さらに欧米では市場戦略と規制・標準化戦略を官民連携で一体となって世界に先駆けて進め、グローバルスタンダード化と市場優位性の確立をねらっています。

そうした取組みの1つが前述した米国の「バイオプリファードプログラム」や欧州の「プラスチック戦略」です。

欧州では、EUを中心に脱プラスチックへ向けた取組みが進んでいます。EUの行政執行機関である欧州委員会が2018年1月、「プラスチック戦略」を採択し、EU域内に流通するすべてのプラスチック製の容器や包装材を2030年までに再生またはリサイクル可能なものにする目標を盛り込んでいます。この目標に基づき、2021年までにストローなどの使い捨てプラスチック製品の流通禁止など具体的な法律も順次制定されています。

このような背景を追い風に、世界的に再生プラスチックやバイオプラスチックの需要が高まっています。2018年の欧州バイオプラスチック会議では、バイオプラスチックの世界市場は今後5年間で約25%成長すると予測しています。

「プラスチック戦略」は、まさに社会課題を起点とするルール形成と、グローバルスタンダードの構築による市場優位性の確立です。欧州では、規制導入により環境問題に対応しつつ、経済成長と雇用の創出に結びつけており、すでにバイオ産業が重要分野の1つとなっています。欧州のこれらの取組みを機に、バイオ由来の製品に付加価値がつくゲームチェンジが起き始めています。欧米主導による新たなルールのもとで、環境関連の新しい市場の果実をもぎ取り始めたといえます。

また、廃プラスチックをめぐる動きもあります。有害廃棄物の国際的な移動を規制する「バーゼル条約」を改正することが2019年5月に決まり、2021年からは汚れた廃プラスチックの輸出には相手国の同意が必要になっています。これまで海外に輸出して処理していた日本の廃プラスチックは完全に行き場を失います。国内での廃棄処分やリサイクルの体制構築、バイオ素材代替が早急に求められています。

さらに、世界最大の総合化学メーカーであるドイツのBASFは、バイオ由来製品の普及・転換を加速化させるため、化学メーカー自らがバイオ由来化学品に係る独自の認証スキームとして「マスバランス・アプローチ（物質収支方式）」を構築し、

Fig5-3 ● マスバランス・アプローチのイメージ

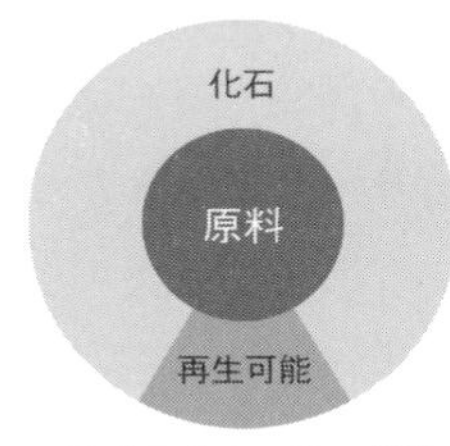

化学品生産の第一段階
(スチームクラッカーなど)で
再生可能原料を使用

BASFNO
生産
フェアブント

全生産工程に
既存の統合生産システムを
活用

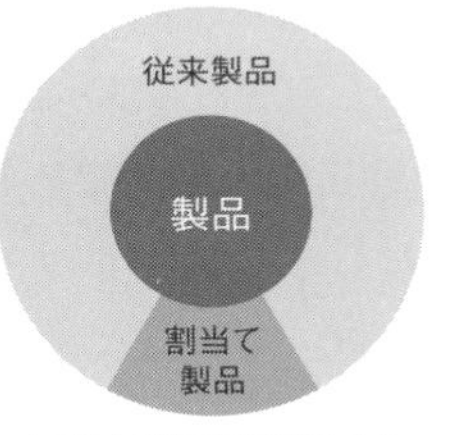

再生可能原料使用分を
特定の製品に割り当て

(出典) BASFホームページより筆者作成

展開しています(Fig5-3参照)。

マスバランス・アプローチとは、プラスチック・化学品の原料の一部に再生可能原料が使用されていた場合、その使用量に基づいて特定製品に再生可能原料使用分を割り当てることができる方式です。

たとえば、この手法を活用した有機廃棄物や植物油由来のバイオナフサやバイオガスなどの再生可能原料50%、化石資源50%を混錬してバイオマスプラスチック製品を100個生産した場合、そのうち50個は再生可能原料100%の製品、残り50個は化石資源100%の製品とみなすことができます。

この手法は、植物由来の原料やリサイクル材などを使った環境配慮型製品を、消費者に対してより魅力的なかたちで販売し、バイオマス製品の市場拡大を図るために考案されました。

2019年3月、金融世界大手仏BNPパリバの投資運用子会社

BNPパリバ・アセットマネジメントは、顧客の長期的リターンを図るため、サステナブル投資の強化に向けて「世界サステナビリティ戦略」を発表しました。気候変動や自然資本の分野を中心に、投資先企業だけでなく、政府関係者、業界団体等に対しても働きかけていくとしています。

以上のように欧米では、自社および自国の利益を創出するため、民間企業主導でルール形成戦略を策定してロビイングを行い、ルール形成に注力しています。

これまでも欧州委員会は、社会的に大きな課題となっている食品ロス対策に向けたルール形成のため、2012年に技術開発プロジェクト「FUSION」を立ち上げています。世界では食品の約３分の１（年間13億t）が廃棄されています。これを2025年までに50％削減するために官民が一体となって具体的措置に取り組んでいます。

世界で食品ロス対策とルール形成が進むなか、日本の食品ロスは646万t／年でＶ字増加しており、11兆円／年の経済損失となっています。

東京2020夏季オリンピックの食材調達基準ともなっていたG-GAP認証は、欧州小売協会が2000年に規格化したルールですが、現在では世界120カ国以上に導入され、事実上の国際標準となっています。ドイツ国際協力公社は、タイとラオスを取り掛かりとして、ASEAN G.A.P.の導入支援も行っています。

一方、日本はどうでしょうか。日本企業の場合、ルールは政官主導で形成するもので、民間企業はそれに従うものという「受け身」の意識が強いのが現状です。官民ともに技術開発に注力しがちで、国際的なルールづくりには距離を置いている面があります。

ルール形成は製品のデザイン・生産・使用・再生利用の大きな方向転換をもたらします。日本の技術がどれほど優れているかを主張しても、国際ルールにのっとっていなければ世界市場に普及・展開させることはできません。

環境省も2021年1月に「バイオプラスチック導入ロードマップ」を策定しました。日本企業は、関連規制や規格が整備されることを待つのではなく、日本の技術が世界の戦略のなかで適用されるよう、日本主導で国際的なルールを形成し、規制・規格を整備していく必要があるといえます。さらに、技術だけではなく、制度の構築もあわせたロードマップを検討することも重要です。

これまで日本は、欧米が作成したルールについていくことに精一杯の状況でした。残念ながら、日本はバイオ産業への取組みは世界より10年出遅れてしまいました。しかし、BioTechは、まだ世界でも始まったばかりです。バイオ分野には、ゲノム編集技術など、まだルール形成途上となっている部分が残っています。

欧米各国はバイオテクノロジーをエネルギーや素材、化学品等に応用することにより、新たな技術開発やイノベーションの創出と同時に、規制・制度構築等のルール形成に取り組むことで、社会解決と経済成長の両立を図っています。

デフレスパイラルから抜け出せない日本に必要なもの、それは新産業です。上述のとおり、食農分野、工業分野、医療・ヘルスケア分野は、バイオテクノロジーで大きな変化が見込まれており、それにあわせてルールも大きく変わる可能性が高い状況です。事実上の世界標準を海外企業に握られたデジタル分野と同様、BioTechの分野でも、ルールづくりを主導しなければ、市場獲得もままならなくなるおそれがあります。BioTech分野では、まだ日本企業がゲームチェンジを引き起こせる可能性が残っています。

日本もバイオ社会の実現を経済成長戦略の1つとして位置づけ、オープンな市場とコミュニティを形成することにより、これまでにない新たなイノベーションを加速させることができれば、グローバルなルール形成に介入し、国益の水準まで転化することが可能となると思われます。

もちろん、日本も何もしてないわけではありません。経済産業省は2014年にルール形成戦略室を設立し、官民連携による市場開拓に資するルール形成づくりを推進しています。あわせて、制度整備とのパッケージ化により波及効果が期待できる医療・流通・食などの分野別戦略の強化を図っています。

ルール形成戦略で世界をリードするEUは、中長期的な目指すべき方向性および目標と、その達成に向けたロードマップが明確です。また、EUの強みを生かし、いち早くグローバルスタンダードを形成しようとする戦略が卓越しています。日本のように独自ルールを構築してガラパゴス化に陥ることはありません。

日本企業が技術はあるのに世界で勝てない現状から脱却するためには、官民一体となり、技術革新とルール形成戦略の両面から取り組む体制整備を構築することが急務です。

日本は化石燃料資源が乏しい国ですが、化石燃料に変わる技術と自然資源を持っています。バイオテクノロジーを活用すれば、自然資源が化石燃料の代替となります。不足しているのは、世界市場で日本の技術が勝つためのルール形成だけです。

これからは、イノベーションによる社会課題解決とルール形成が経済成長につながる時代です。

生物の無限の可能性を引き出すことに成功した人類は、新たに進化を始めています。世界は大きく変わろうとしていますが、現時点では、人類の大多数はその変化に気づいていません。

飛行機やインターネットが発明された時、世界は一変しました。われわれは現在、同様の歴史的な転換点に立っています。これまで絵空事だったSF映画や小説はフィクションではなく、魔法と思われていたことが現実化されます。

■■ サステナブル経営への転換に向けて

IIRC（国際統合報告評議会）は、2013年に価値が創出・保全・毀損されるプロセスを示した国際統合報告フレームワークを公表しました（Fig5-4参照）。経済活動は6つの資本を投入することにより回っていますが、これまで、企業は自然・社会資本（外部不経済）はコストとして反映せず、短期的な利益を確保してきました。

その結果、IPCC（気候変動に関する政府間パネル）の第6次

Fig5-4●価値創造プロセス（価値が創出・保全・毀損されるプロセス）

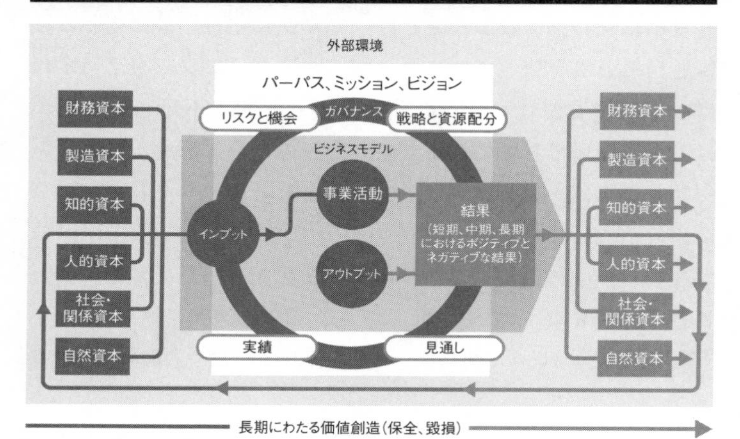

（出典） IIRC「INTERNATIONAL〈IR〉FRAMEWORKEY」（2021年）をもとに筆者作成

評価報告書（2021年８月）では、「人間活動が温暖化を引き起こしたことは疑う余地がない」と公表され、外部不経済が自然の自浄作用の範囲をはるかに超えているという現実が明らかになりました。

数年前から日本においても、SX（Sustainability transformation：サステナビリティ・トランスフォーメーション）が注目されてきていますが、まだSXの定義は明確に決まっていない状況です。

本書では、SXは「環境・社会価値が毀損されない持続可能な社会の構築に向けて経済合理性のリデザインを図ること」と定義し、「環境・社会を取り巻く８つの社会課題（Fig5-5参照）

の解決に向け、経営資源の再分配が適切に進んでいる状態」を今後目指すべきSXのゴールに設定したいと思います。

SX（サステナビリティ・トランスフォーメーション）
〈定義〉
環境・社会価値が毀損されない持続可能な社会の構築に向けて経済合理性のリデザインを図ること
〈ゴール〉
環境・社会を取り巻く８つの社会課題の解決に向け、経営資源の再分配が適切に進んでいる状態

持続可能な社会へ構造転換を図るためには、化石燃料依存型社会かつ途上国の資源・労働力依存型の現在と、2050年にサステナブルな社会が実現されている“望ましい未来”とのギャップを埋めていく必要があります。

持続可能な社会の実現に向けて、まずは環境の上に社会があり、これが成り立ってこそ経済が成り立つこと、環境が崩れると社会・経済も成立できなくなることを理解することが重要です。これまでは、経済・社会・環境は相互に影響を及ぼしており、相互依存関係にあると認識されていました。しかし、実際には経済も社会も環境へ依存しており、環境が崩れると社会・経済も成立できません。

2030年の分岐点に向けて、あらゆる基盤である環境を維持しながら、社会・経済の持続的な成長に向け、企業の経営資源を再分配し、社会・経済の構造転換を図ることが不可欠です。

Fig5-5●環境・社会を取り巻く８つの社会課題

1　環境価値の毀損　Environmental

社会課題	詳細	テーマ例	
①GHG 気候変動	温室効果ガスの排出過多により気候変動を促進	気候変動	災害・洪水
②エネルギー	化石燃料の燃焼により排出されるCO_2は気候変動を加速化	化石燃料依存	エネルギー不足
③水	廃水による水質汚濁や大量消費による水不足	水質汚染	水不足
④廃棄物	資源の大量生産・廃棄により海洋・土壌汚染の発生	海洋土壌汚染	廃プラ
⑤生物多様性	事業活動を通じた農地・土地の開発による生態系破壊が深刻化	生態系破壊	森林破壊

2　社会価値の毀損　Social

社会課題	詳細	テーマ例	
⑥身体的人権	強制労働・児童労働などによる人的資源の搾取	衛生	搾取・虐待
⑦精神的人権	差別や虐待などから人的資源が精神的に毀損	差別・虐待	D&I
⑧社会的人権	健康で文化的な最低限度の生活に必要な権利の侵害	生存・健康	貧困・教育

3　グローバルガバナンスの高度化　Governance

（出典）　筆者作成

Fig5-6●サステナブルな経営への転換に向けて

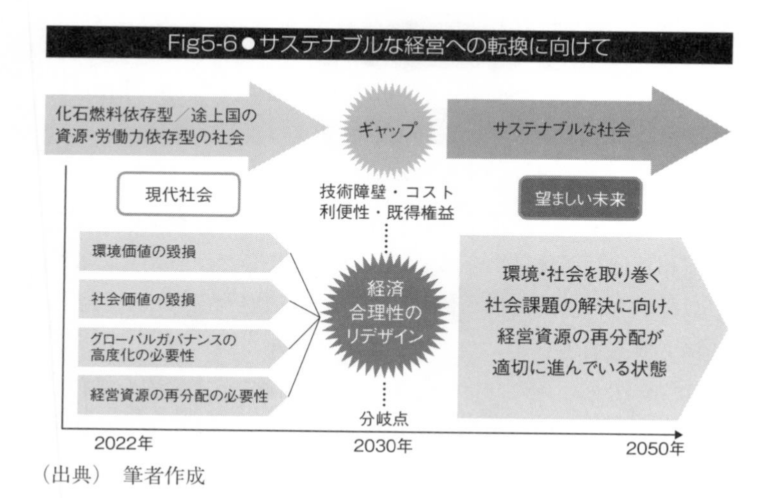

（出典）　筆者作成

Fig5-7●社会構造の実態

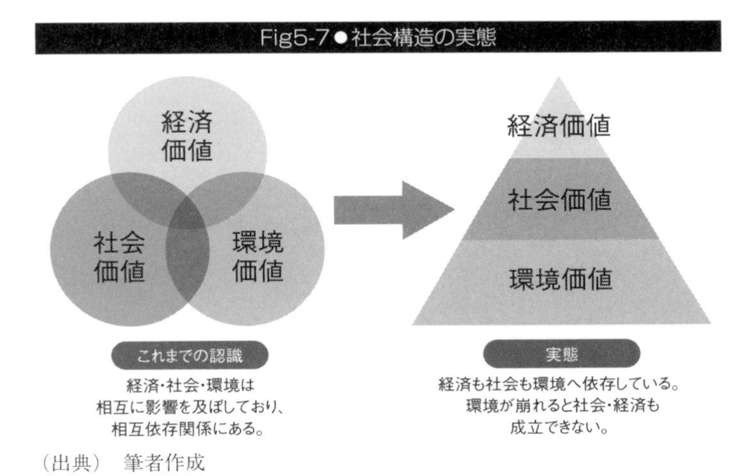

（出典） 筆者作成

これまで化石燃料型・途上国の資源・労働力依存型だった経営から、突然サステナブル経営へと転換を図ることは非常にむずかしいと思います。しかし、将来発生する環境・社会の変化を踏まえてリスクを最小化しつつ、外部不経済を含めても持続的に成長できるトレードオンビジネスの創出を図るために、長期的な視点より経営資源を再分配しすることは、長期的に企業を維持することにおいても不可欠です。

短期・中期的な視点で、とりあえず目の前のリスクを回避だけに努めるのでは、“その場しのぎ経営”にしかならず、この機会を活用しての新規ビジネス創出を図ろうとしても、短期・中期的な視点では、その取組自体が“グリーンウォッシュ化”するおそれがあります。また、長期的な視点で取り組んだとし

Fig5-8●サステナブル経営のイメージ

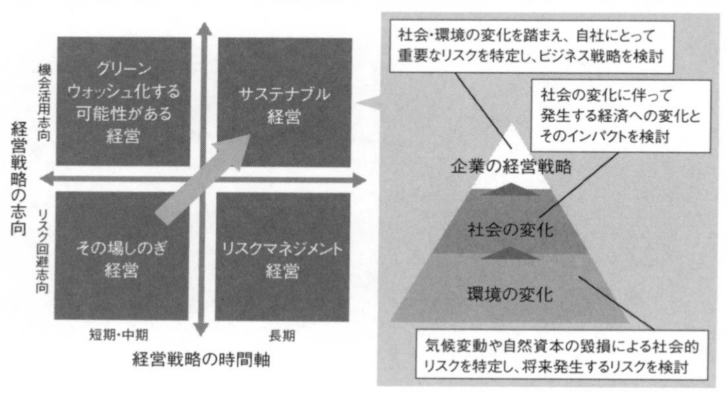

（出典）　筆者作成

ても、機会を活用しようとしなければ、単なる“リスクマネジメント経営”の領域から脱することはできません。

サステナブル経営への転換を図るためには、①気候変動や自然資本の毀損による社会的リスクを特定し、将来発生するリスクを検討、②社会変化に伴って発生する経済への変化とそのインパクトを検討、③社会・環境の変化を踏まえて自社にとって重要なリスクを特定し、長期的な視点よりビジネス戦略を検討、することが重要です。

日本企業にとって、サステナブル経営への転換の阻害要因としては、主に以下の３つが考えられます（Fig5-9参照）。

日本企業で最も多いのが“同調型経営”ではないかと思います。国際動向や政府政策による外部圧力により無理やりサステナビリティに取り組んでいる、そういった同調型経営となって

Fig5-9 ● サステナブル経営転換の阻害要因

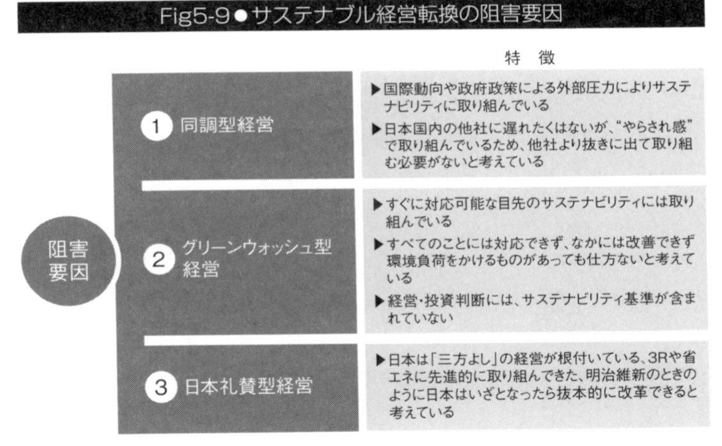

（出典） 筆者作成

しまっている企業が多いように思います。

他社に遅れたくはないが、“やらされ感”で取り組んでいるため、他社より抜きに出て取り組む必要がないと考えている、そのため、この機会を活用しての新規ビジネス創出を図ろうとするところまでには至っていない、そういった企業が多いのではないでしょうか。

次に多いのが、日本企業だけではありませんが、すぐに対応可能な目先のサステナビリティにかたちだけ取り組んでいる“グリーンウォッシュ型経営”に陥ってしまっている企業ではないでしょうか。

環境経営コンサル業務に携わっていた際、「すべてのことには対応できず、なかには改善できず環境負荷をかけるものがあっても仕方ない」と最初から諦めている、「経営・投資判断にはサステナビリティ基準は含めていない」、そういった企業が多いと実感しました。

３つ目の要因としては、企業だけではありませんが、日本信仰が強いがために現状を客観的に分析できず、“日本礼賛型経営”からの脱却がむずかしくなっていることです。

日本は昔から「“三方よし”の経営が根付いている」「3Rや省エネなどの環境負荷軽減に先進的に取り組んできた」「明治維新のときのように日本はいざとなったら抜本的に改革できる」という発言をちらほら耳にします。現状から目を背き、現実逃避していることが根本原因かと思います。

昨今の不確実な時代においては、現状の立ち位置をしっかりととらえ直して再認識し、自社が国際社会でどうやって生き残っていくか、自社のパーパスとミッションを再定義することが不可欠となっています。

これまで、企業の取組課題について述べてきましたが、サステナブル社会は、企業努力だけでは実現できません。企業は、消費者のニーズに沿ったサービスや商品を提供しています。企業がサステナビリティ経営への転換を図っていくためには、“サステナブルなサービスや商品の市場”が必要です。そのため、私たち消費者の一人ひとりの行動も重要となってきます(Fig5-10参照)。

消費者の行動変容を促すためには、まずは、経済は基盤である自然資本・社会・人的資本を毀損しては成立しないという、社会・経済構造の正しい理解を広めることから始める必要があ

Fig5-10●私たちにできること

私たち一人ひとりの行動がサステイナブルな未来につながる。
Sustainable Innovation for tomorrow

1 社会・経済構造への正しい理解
▶これまでの資本主義は、自然資本・社会・人的資本を無視して成長
▶経済は基盤である自然資本・社会・人的資本を毀損しては成立しない

2 自分事にする
▶自分たちの豊かな生活は、海外の自然資本・社会・人的資本に依存し、毀損していることを認識
▶豊かな生活を維持するためには、サステナブルな社会への転換が必須

3 買い物は自分の意思表示
▶サステナビリティ経営への転換のためには、"マーケット"が必要
▶消費者がサステナブルな商品・サービス・企業を選ぶ行動変容が不可欠

（出典） 筆者作成

ります。

次に、私たち日本人の豊かな生活は、海外の自然資本・社会・人的資本に依存し、毀損していることを認識し、サステナブル社会の実現を、政府や官僚、企業任せにするのではなく自分事化することです。

そのうえで、私たち一人ひとりが"未来を変える買い物の物差し"を持ち、サービスや商品を選択していくようにすること。われわれの日常における選択の１つひとつがサステナブルな社会をつくり、望ましい未来につなげることができます。

買い物は自分の意思表示ができる行動の１つです。私たち一人ひとりの行動がサステナブルな未来につながっているのです。

著者紹介

齊藤　三希子（さいとう　みきこ）

株式会社スマートアグリ・リレーションズ　社長執行役員
（株式会社バイオマスレジンホールディングス　グループ会社）
Ridgelinez株式会社　Director

早稲田大学大学院アジア太平洋研究科修了、大学院で環境経済学を学ぶ。
外資系総合コンサルティングファームのディレクター職を経て現職。
地域資源を活用した持続可能な地域モデルの創出や、Agri-Food Tech、カーボンニュートラル、サーキュラーエコノミー、バイオエコノミー、SX（サステナビリティトランスフォーメーション）、食料安全保障などの事業創出に多数従事。
『Newspicks』にて「環境・エネルギー、食・農業、バイオテクノロジー」分野のプロピッカーとして活動中。

主な著書に、『カーボンニュートラル2050アウトルック』（共著、日本電気協会新聞部）、『カーボンZERO気候変動経営』（EYストラテジー・アンド・コンサルティング編、日経BP日本経済新聞出版本部）、『〈培養肉、植物肉、昆虫食、藻類など〉代替タンパク質の現状と社会実装へ向けた取り組み』（共著、情報機構）などがある。